JN005747

はじめての 犬ごはんの教科書

manpucu garden

俵森朋子

誠文堂新光社

元気で長生きしてもらうために、
何をあげようか？

Dog food?

Topping?

Half & half?

Home made?

その答えは、
愛犬の中にあります。

はじめに

　冷蔵庫に納豆、入っていませんか？　お好み焼きに使う、封の開いたカツオ節や青のり、残っていませんか？　ほんの少し、いつもの愛犬のごはんにおすそ分けしてあげてみてください。ちょっと喜んでペロペロしてくれたら、手作りごはんの初めの一歩です。

　手作りごはんって面倒くさい、時間がかかる、何を使ったらいいかわからない、分量もまったくわからない。私もかつてはそうでした。
　小難しいことは置いておいて、夕飯のおかずのお肉やお魚の端っこ、お味噌汁用に煮始めたお野菜を、ほんの少し、いつものごはんにおまけであげるところから、始めてみませんか？

　食べることは、生きること。
　食べるものは、体を作る原材料。
　15年前後の短い犬生を、よりおいしく楽しくしてあげるのは、
　飼い主さんにしかできないことです。

　すべてを手作りしなくても、がんばって必死で続けなくても、できることをできるだけ。そして先入観や情報に惑わされることなく、これでなくてはならないという思い込みに縛られることなく、目の前の愛犬が喜ぶごはんを目指していただけたら幸いです。
　さっそく冷蔵庫を開いて、初めの一歩を。

　本書を手に取ってくださってありがとうございます。皆さまの愛犬たちが、おいしく元気な毎日でありますように。

俵森朋子

付録
犬ごはんに取り入れてほしい食材 早見表

本書の使い方

① 本書の写真では、食材をそれほど細かくしていません。消化機能の弱い犬や体の衰えている犬は、P.18を参照して、できるだけ食材を細かく刻むか、煮上がったらブレンダーなどでペースト状にしてください。

② 本書では、薬膳の考え方をベースに食材を5つの色に分類し、季節や体調に合わせた食材選びのポイントを紹介しています。各色の食材例はP.80～を参照してください。

③ 「材料」の分量は、体重10kg前後の中型犬の、1日2食の場合の1食分を想定しています。P.40を参照して、愛犬に合った分量を与えてください。また、与えてみたときの体調によっても、随時調整してください。

④ レシピとまったく同じ食材を与えなければいけないわけではなく、色や栄養素のバランスを見ながら、おすすめ食材と入れ替えたり引き算したりと、アレンジして使って○K！

⑤ 季節や体調に合わせて、5つの色の食材をどんな割合で与えるといいかの目安を示しています。割合は重さではなく、見た目のかさでざっくりとらえてください。

⑥ 以下の分量の表記は、おおよそ以下の意味で使用しています。

・耳かき1杯＝約0.02g

⑦ 本書で紹介している手作りごはんのレシピは、肉・魚をいつものフードに入れ替えて、トッピングとして与えることもできます。見た目のかさで、トッピングが全体の1割以下なら、いつも通りの分量のフードを与え、2～3割の場合はフードを少し減らしてください。

⑧ 犬たちの健康を考えてレシピを作成した結果、一般的に使い慣れない食材が出てくることがあります。その場合、できるだけ代わりに使える食材も紹介しています。

※特に愛犬が病気の診断を受けている場合は、獣医師の指示に従って与えてください。

※サプリメントはパッケージ等の記載に従って与えてください。

※犬には個体差があり、その子その子で体に合う食べ物と合わない食べ物があります。本書に掲載のごはんが愛犬の体に合わない場合は、無理に続けず、中止してください。

※手作りごはんに関してさらに詳しく知りたい場合は、前著『犬ごはんの教科書』『老犬ごはんの教科書』『がんと生きる 犬ごはんの教科書』（誠文堂新光社刊）も参考にしてください。

犬ごはんに
関する
Q & A

犬の専門店やネットショップにはさまざまな
種類のドッグフードが並び、ネットには犬の
ごはんの情報が溢れている昨今。いったい何
をあげればいいのでしょうか？ まずは犬の
ごはんに関する疑問や不安を解消します。

Q そもそも 犬のごはんとは？

A 肉食寄りの雑食。動物性たんぱく質は必須。

約1万5000年前から人間と暮らし始めたと考えられている、犬の祖先。現在私たちと暮らしているイエイヌは、タイリクオオカミの亜種と言われています。オオカミはほぼ肉食ですが、犬はどうでしょうか？

人間と一緒に暮らすことを選択し、進化してきた犬には、オオカミにはない小さな盲腸があ

ります。また、でんぷんの分解に必要な消化酵素アミラーゼの数も、オオカミと比べて犬のほうが2〜15倍多いこともわかっています。

ただ、唾液にアミラーゼが含まれる人間と比べると、犬はすい臓で少量のアミラーゼが作られる程度。犬は炭水化物の消化が人間ほど得意ではなく、肉食寄りの雑食と考えられます。

たんぱく質の仕事とは？

- 糖質や脂質に変わってエネルギーになる
- 体内の化学反応を進める酵素の材料になる
- 輸送たんぱく質となって酸素を各臓器に運ぶ
- ミオシンとなって筋肉を動かす
- 免疫グロブリンとなって免疫をつかさどる

… など

犬の主食は動物性たんぱく質

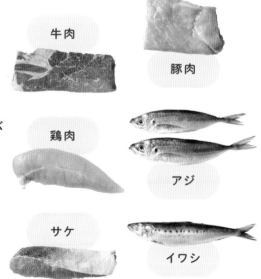

牛肉

豚肉

鶏肉

アジ

サケ

イワシ

Q 肉や魚だけじゃ ダメなの？

A 肉や魚だけでは足りない栄養があります。

　肉食動物から進化してきた犬のごはんは、なぜ肉や魚だけではいけないのでしょうか。そもそも肉食動物は、動物の肉だけを食べているわけではなく、草食動物の食べた発酵した食物繊維の詰まった胃袋や骨、血液なども一緒に食べると言われています。そのため、犬に肉や魚を与えるだけでは、栄養が不足してしまうと考えられます。

　具体的には、肉や魚だけだと、体の機能を維持することにかかわるビタミンとミネラル、老廃物や毒素を排出して腸内環境を整える食物繊維などが不足しがちです。これらは野菜やきのこ、海藻、骨などから摂取できるので、肉や魚と合わせて取り入れましょう。

野菜

野菜やきのこ類にはビタミンやミネラル、食物繊維が豊富に含まれます。特に食物繊維は、腸内環境を整えるために必須。

海藻

海藻にもビタミン、ミネラル、食物繊維が豊富。特に、体内では作れない生命維持に不可欠なミネラルは、海藻に多く含まれます。

油

脂質は丈夫な体を作るために必須の、大切なエネルギー源。特に植物オイルや魚油には、体内で生成できない必須脂肪酸が豊富です。

骨

骨にもカルシウムをはじめとしたミネラルが豊富。肉と野菜だけのごはんでは不足しがちなカルシウムを摂るためにも、骨は必要。

Q 市販のフードは どう選べばいい?

A 原材料の表示をよく見てみましょう。

人間のごはんに正解がないように、犬のごはんにも「これを食べていれば大丈夫」という完璧なごはんはありません。それは市販のフードでも手作りごはんでも同じです。

そのうえで、市販のフードを選ぶときにも、材料をよく見てみましょう。例えば、犬は炭水化物の消化が得意ではなく、毎食炭水化物が多いと消化に負担がかかります（P.12参照）。メインの材料が炭水化物ではなく、肉や魚になっているかは、チェックしたいポイントです。また、脂は酸化しやすいため、脂質が多すぎるフードは細胞にダメージを与えてしまいます。いずれにしろ、材料や製造工程をよく調べたうえで選ぶようにしましょう。

市販のフードの選び方

- □ メインが肉や魚になっている？
- □ 脂質が多すぎない？
- □ 不要な添加物は使われていない？

  さらにこだわるなら……

- □ 食物アレルギーを予測しやすい、
  動物性たんぱく質が1種類のもの
- □ 製造温度が70℃以下のもの
- □ グレインフリー

Q フードの添加物って危険？

A フードには必要なものだけれど、
その内容は確認を。

　ドッグフードに使用される添加物は、健康を損なわないことを確認する試験と、過去の使用実績などから、安全性が実証されているものです。また、その基準・規格はペットフード安全法で定められています。ただ、それが愛犬の体にどんな影響を及ぼすのかは、飼い主が判断することになります。

　とはいえ、例えば「ナチュラル」を謳うフードでは、ビタミンEやローズマリーといった酸化防止剤が使われることがありますが、どこまで酸化が抑えられているか曖昧な部分もあります。添加物はすべて危険、ナチュラルだから安全と思い込まず、情報源が確かで正確な情報を得るようにしましょう。

フードに含まれる添加物の種類

酸化防止剤

**品質を
保つためのもの**

たんぱく質や脂質は、空気に触れることで酸化が進みます。長期間保存されることが前提のフードを、製造時の品質に保つためには、酸化防止剤が必須です。人間には使用禁止のエトキシキンや、ビタミンE、ローズマリーなどが使われます。

着色料・発色料

**見た目をよくする
ためのもの**

フードに色を着けたり、色をよく見せたりするためのものですが、愛犬の健康な食事のためには不要なものです。不要な添加物は、排出する肝臓を疲れさせるので、極力使われていないもののほうがいいでしょう。

栄養添加物

**総合栄養食を
名乗るためには必要**

日本でドッグフードに「総合栄養食」と表示するためには、37項目の栄養素を分析し数値化して、総合栄養食の基準に適合しているかを示さなければいけません。そのためには、栄養素を添加する必要があるのです。

Q 手作りごはん、何から始めたらいい？

A まずはフードに何かトッピングしてみましょう。

「手作りごはんに挑戦してみたいけれど、どうやって始めたらいいかわからない」とよく聞きます。最初から、完全手作りごはんにしようとがんばりすぎないでください。まずは、いつものごはんに野菜や肉、ヨーグルトなど何か1品をのせてみるところから始めましょう。飼い主の夕飯に使った肉の端切れや、冷蔵庫にある野菜などでかまいません（犬が食べていけないものや、愛犬に食物アレルギーがある場合はアレルゲンのものは除く）。

愛犬がどんな反応をするか、またどんなウンチが出たかで、次にどうするかを考えていきましょう。右ページに進め方の例をチャートで載せていますので、参考にしてください。

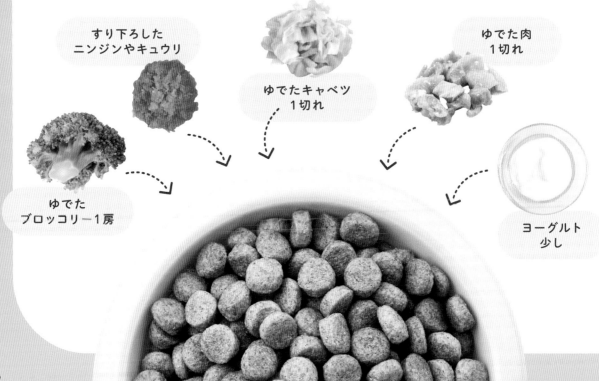

すり下ろした
ニンジンやキュウリ

ゆでたキャベツ
1切れ

ゆでた肉
1切れ

ゆでた
ブロッコリー1房

ヨーグルト
少し

手作りごはんの始め方チャート

いつものフードに
何か1品のせてみる

喜んで食べる →

警戒している →

ごく細かくしてよく火を通し、
フードによく混ぜ込む

← 完食

ほんの少し量を増やして、
ゆで汁ごと足してみる

トッピング
したものだけ残した

いつもと
変わらないウンチ ↓

ウンチが
軟らかくなった

大好きな
肉か魚を
少しトッピング。
1週間ほど
続けてみる

残した

ゆでた肉と
野菜2〜3種を
ゆで汁ごと
加えるのを
1週間続けてみる

ウンチが
軟らかく
なった →

← 落ち着いて
きた

野菜は
ごく細かくして
よく火を通し、
再度与えてみる

まだウンチが
軟らかい

問題なし ↓ ↑ まだウンチが
軟らかい

落ち着いて
きた

まだウンチが
軟らかい ↓

完食 ↓

肉や魚の
量を増やし、
フードを
減らしていく

ひどい下痢で
なければ
デトックスの可能性も
あるので、2〜3日
続けてみて
ウンチのようすを見る

大好きな肉か魚に、
イモやカボチャを
少し加えて、
しっかり火を通し、
よく混ぜて与えてみる

問題なし ↓

完食

残した

完全手作り、
フードと併用など
飼い主の
ライフスタイルにも
合わせて調整

少しずつ
食べられるものを
増やしていく

喜んで
食べてくれるまで、
あきらめずに
少しずつ
継続してみる

Q 犬に野菜をあげては ダメと聞きました。

A 野菜にも重要な働きがあります。

　獣医師の中にも、「犬に野菜を与えたほうがいい」という人と、「与えないほうがいい」という人がいます。また、食材によっても、与えてOK、NGの情報は錯綜しています。

　人間への効果が実証されていても、犬に同じ効果があるかは証明されていない食材も多々あります。とはいえ、同じ血が通う生き物です。

同様の効果が期待される食材も多くあると考えられます。例えば、野菜には老廃物を排出して腸内環境を整える食物繊維が多く含まれていることは確かです。「犬は食物繊維を消化できないから胃腸に負担をかけるだけ」という人もいますが、食物繊維は人間も消化できず、これは消化できないからこその働きなのです。

野菜を吸収しやすく するための工夫

よく火を通す

加熱することで、硬い繊維の壁を壊して消化吸収しやすくなります。栄養素が染み出した煮汁ごと与えましょう。

ペーストにする

細かく刻んでも消化できていない場合や、そしゃくが衰えてきた老犬には、ブレンダーなどでペースト状にして。

根菜はすり下ろす

根菜は硬いものが多く、刻むだけでは消化しにくいので、すり下ろしてあげることで吸収しやすくなります。

葉物は細かく刻む

葉物野菜やきのこ、海藻などは、基本的に細かく刻んでから調理しましょう。消化に優しくなります。

緑黄色野菜は 油を一緒に与える

緑黄色野菜は、鍋に油と一緒に入れて、炒めてからゆでることで、ビタミンAの吸収率がアップします。

Q 犬に塩分は厳禁なの?

A 少量の塩分を与えないと健康を害します。

「犬に塩分は厳禁」と思い込んでいる人が多く、完全手作りごはんだと塩分が欠落しがちです。しかし、犬に限らず地球に生きる動物たちにとって、塩分は生命維持に必須のミネラルで、ドライフードにも塩分は含まれています。完全手作りごはんの場合は、週に1〜2回程度、必要な量の塩分を加えてください。塩分の含まれる

ドッグフードと併用している場合は、追加する必要はありません。

もちろん、塩分の摂りすぎもよくありません。食材そのものに塩分が含まれている場合は加えるのをやめたり、たくさん運動した後はいつもよりも少し多めに与えたりと、調整してあげましょう。

1日に必要な食塩の量は?

1日に必要なナトリウムを食塩で摂る場合の目安

$$食塩(g) = 体重(kg) × 50(mg) × 2.42 ÷ 1000$$

※体重5kgなら、5 × 50 × 2.42 ÷ 1000 = 0.605g

食塩 なら

小さじ1 = 6g なので
体重5kg … 小さじ1/10

味噌 なら

小さじ1で約0.8g分の塩分なので
体重5kg … 小さじ約2/3

梅干し なら

中1個(塩分10%)で約1g分の塩分なので
体重5kg … 約1/2個

Q 生肉をあげると いいって本当?

A 生肉を与えることには メリットと注意点があります。

　最近は生食用の冷凍肉が入手しやすくなり、生食を取り入れる飼い主も増えてきました。生の肉を与えることには、メリットと注意点があります。

　例えば、生肉には加熱した肉よりも多くの雑菌が付着していて、感染するリスクが高くなります。しかし、そもそも雑菌とは増殖した微生物のこと。この微生物が免疫力強化に必要という面もあります。人間は食べ物に付着した微生物をうまく処理できずに食中毒になることもありますが、犬たちには人間よりはるかにこれらの微生物を処理するシステムが残っているのです。ただし、体に合わない場合は無理せず加熱した肉をあげてください。

メリット

- 必須アミノ酸がバランスよく含まれる
- 酵素をそのまま摂取できる
- 新鮮なビタミンや
  ミネラルを摂取できる

注意点

- 生食用に販売しているものを選ぶ
- ジビエ肉も、人間用の食肉と
  同じレベルで処理されたものを選ぶ
- 生の豚肉は寄生虫がいる
  可能性があるので火を通す
- 冷凍で保存し、
  食べる直前に解凍する

自然の酵素が
残っています

Q 骨を食べさせてもいいの？

A 生の骨はカルシウムを はじめとするミネラルの摂取に。

骨には、カルシウムはもちろん、リン、鉄、亜鉛、マグネシウムなどのミネラルや、脂質、ビタミンなどが豊富に含まれています。

また、骨を噛ませることで、歯石を除去する効果が期待できます。噛むことで唾液がたっぷり分泌されて、胃酸の分泌が促進され、消化力がアップするという面も。アゴを使って噛むこ

とで、エネルギーが発散され、メンタルの安定につながるという効果も期待されます。さらに、骨を食べるとウンチが硬めになるので、ウンチが肛門のうを刺激して、自然と分泌液が排出されるとも言われています。心身ともにメリットがいろいろあるので、注意点を心掛けつつ、与えてみてください。

メリット

- カルシウム、リン、鉄、亜鉛、マグネシウムなどのミネラルが豊富
- 抗酸化作用が高い
- 歯石の除去が期待できる
- 噛むことで唾液や胃酸が分泌され消化力がアップする
- 噛むことでメンタルの安定につながる

注意点

- 加熱すると縦に裂けたりと危険なので火を通さず、生で与える
- 丸飲みしてしまう犬はノドに詰まらせないように。多頭飼いの場合は特に、落ち着いて食べられる環境を確保する
- 小型犬は特に、手羽先や鶏の首、軟骨など軟らかい骨から試す
- 与えすぎるとウンチがカチカチ→白っぽくパサパサになるので、与えすぎに注意

Q｛ 毎日同じごはんじゃダメ？

A
**その食べ物のデメリットが
蓄積してしまうので、
ローテーションを。**

例えば、毎日毎食鶏肉料理が1週間も続いたら、当分鶏肉はいいかな、となりませんか？　犬にとっては飼い主が出してくれるごはんがすべてなので、出されたものは食べますが、基本的に犬も同じです。どんな食品にも、必ずメリットとデメリットがあり、食べ続ければそのデメリットが蓄積されてしまいます。ドッグフードでも手作りごはんでも、必ずローテーションしてあげましょう。

Q｛ 人間の食べ物を与えてもいいの？

A
**人間の食べ物＝
味の付いた調理品は
与えないほうがいい。**

「犬に人間の食べ物をあげてはいけない」という場合、一般的に味の付いた調理品のことを指します。醤油や砂糖、ソース、ケチャップなど、調味料がたっぷり使われた食べ物は、塩分や糖分、添加物などが、犬の体には過剰だったり不要になったりするので、与えないほうがいいです。しかし、味を付ける前の食材そのものは、犬が食べてはいけないもの以外は、犬にも人間にも安心な食材です。

Q｛ 手作りごはんだと栄養バランスが崩れそう。

A
**人間と同じで
1週間の中でバランスが
取れれば〇K。**

人間のごはんは、毎食カロリーを計算し、食品成分を調べながら、栄養バランス満点に作っていますか？　パンや和食、たまにインスタント食品を食べたりしていませんか？　犬のごはんも同じ。人にも犬にも、素晴らしい調整機能があります。1回のごはんで栄養バランスを完璧にする必要はなく、1週間ほどの中で、たんぱく質やビタミン、ミネラルなどの栄養が補給できれば十分です。

Q 手作りごはんは歯石ができやすそう。

A

歯石の有無は
ケアの
問題です。

ドライフードでもウェットフードでも手作りごはんでも、歯垢はつきます。体質や唾液の成分、エナメル質の強弱などの個体差はありますが、歯石ができるかどうかは、日々ケアをしているかどうかにかかっています。手作りごはんだから歯石ができるということはありません。愛犬も飼い主もハッピーなごはんを与えて、できるだけ毎日歯磨きをしてあげましょう。

Q 災害時に市販のフードを食べられなくならない？

A

いつでもどこでも
何でも**喜んで食べられる**
ようにしましょう。

実は、この心配事はとても多く耳にします。まずは、ドライフードしか食べない、あるいは手作りごはんしか食べないと選り好みしないで、いつでもどこでも何でも、喜んで食べてくれる体調やメンタル作りを最優先にしましょう。そのうえで、愛犬が手作りごはんを喜んで食べてくれるのなら、普段から喜ぶおいしい手作りごはんをあげてもいいのではないでしょうか。

Q 手作りごはんにしたら、やせてしまった。

A

与える
量や内容で
調節しましょう。

手作りごはんは、カラカラに乾燥させてあるドライフードに比べると、水分や繊維を多く含んでいます。手作りごはんを食べると、不要な水分や老廃物が排出されやすくなるため、体は締まり、やせて見えることがあります。また、与える分量やカロリーが足りていない可能性もあります。肉や脂肪（肉の脂身や食物オイル）の量、イモ類の割合などを増やして、調整してみてください。

初めての手作りごはん

　25年前、私が自立して初めて迎えたのが、ミニチュア・シュナウザーのシュナ。シュナへのケアはとても未熟で「健康は当たり前。放っておいても健康でいてくれる」ぐらいに思っていた、幼稚な飼い主でした。

　ドライフードのみのごはんを「大正解」と思い込むこと数年。犬のごはんを手作りするなんて「忙しい私には無理」という先入観と、「ドライフードのほうが健康にいいだろう」という漠然とした安心感によって、頑なに「手作りはしない」という選択へと紐付けしていました。ところが、シュナや他の犬たちが体調を崩し始めたことで、フードジプシーが始まります。

　"手作りごはん"初めの一歩は、手作りとは言いがたい、ドライフードに生肉をのっけただけのとてもシンプルなもの。それでも、これまでに見たことのない勢いと喜びに満ちた犬たちの食べっぷりが嬉しくて、ほんの少しのトッピングがいつしかメインとなり、ドライフードがトッピング的な存在になっていました。

　今になって思えば、もっと犬たちの気持ちや体をちゃんと知ろうとしていたら、自分が忙しいことや何の根拠もない安心感なんてどうでもよくて、「ごはんがおいしい」と喜んでくれる、そして体も心も満たされる、そんな食事を用意してあげられたのに、と思うのです。たとえそれが結果的にドライフードであっても、まず大切なのは、犬たちが喜んで食べてくれているかどうか。案外見落としていたように思います。

　その後、昔のねこまんまのような白米に肉汁ごはん、オオカミが狩りをして得た生肉骨のようなごはんなど、多少の失敗ごはんを経て、水分のあるごはんや加工されていない新鮮な食材がもたらす嬉しい変化に助けられ、少しずつごはんの大切さや面白さを知りました。失敗ごはんでも、犬たちは健気に喜んで食べてくれていたけれど、やっぱり病気になりにくい、健康維持を意識したごはんをあげたいなと。そう強く願うことが、犬のごはんを深堀りするきっかけになりました。

　これまで一緒に暮らした7頭の犬たちが体を通して教えてくれたことを、犬が大好きでたまらない飼い主の皆さまと共有できたら。そして、いつものごはんが待ち遠しくて、楽しみで、おいしく食べられる犬たちが増えますように。

まずは
トッピングから
始めよう

市販のドッグフードしか与えたことがないけれど、本当にこれでいいのかな？ と悩んでいる場合は、トッピングでフレッシュな食材を与えるところから始めてみましょう！

トッピングの基本

まずはトッピングをするうえで
知っておきたいことをまとめました。
いつものフードに食材を少量のせるだけなので
あまり深く考えず、トライしてみましょう!

味が染みてて
おいしい!

トッピングのメリットとは?

1 栄養バランスアップ

ドライフードにはたくさんの栄養素がバランスよく含まれていますが、生きた食材に含まれる無数の有効成分はどうしても失われがち。旬のものや水分を含む食材をプラスして、消化に優しいごはんへ、さらにパワーアップ!

2 嗜好性アップ

食べムラのある犬には、誘導のための1品があると助けられます。まずはいつものフードにお気に入りの食材を何か1つトッピングして、嗅覚を刺激し、食欲アップにつなげてみましょう!

3 お楽しみアップ

ドライフードだけでもガツガツ食べてくれる犬でも、生きた食材がプラスされることで、より楽しいごはんタイムになるはず。飼い主としても、愛犬のことを考えながら「何をあげたら喜ぶかな?」と悩む時間は楽しいもの。

何をトッピングすればいい？

まずは、水分を含んだフレッシュな食べ物に慣れさせることです。
何か1品トッピングして、愛犬の反応やウンチのようすを見てみて。
いろいろな食材を試しながら、愛犬が喜ぶもの、合うものを探しましょう！

最初は何か1品から

愛犬の好きな食べ物でも、冷蔵庫にあるものでも、犬に与えてはいけない食材（P.36参照）以外なら何でも○K！　愛犬の反応や体調の変化がわかりやすいように、まずは何か1品を少量のせてみましょう。与えるときはフードと混ぜて。

ゆでてあげる場合は汁ごと

肉や魚、野菜などをゆでてトッピングする場合は、栄養やうまみが染み出しているゆで汁ごとかけてあげて、水分補給も同時に。あまり水を飲まない子でも、味付きの水なら、ごはんと一緒に飲んでくれることも多いです。

野菜は消化しやすく

特に野菜や海藻には、人間や犬の体では消化できない食物繊維が多く含まれており、吸収しやすくして与えるのが基本（P.18参照）。軟便や下痢になった場合は、よく煮たり、ブレンダーにかけたりと、より消化しやすくしてあげて。

掲載レシピを作ってみよう

本書に掲載のレシピは、肉・魚を一部または全部フードに入れ替えて、トッピングとして与えても○K。トッピングの品数が増えてきたら、季節や愛犬の体調に合わせて、掲載レシピに挑戦してみてください。

飼い主のごはんと同時にできる
おすそ分けトッピング

日ごろから人間のごはんを作っている人なら、愛犬のごはんにトッピングするのは簡単。
飼い主用のごはんから取り分けておいて、愛犬のフードに混ぜるだけ！

おすそ分けのポイント

1 犬が食べてはいけない食材を入れる前に分ける

例えば味噌汁や鍋をおすそ分けする場合、ネギ類自体を犬に与えなくても、ネギ類を煮込んだ汁にも中毒の原因になるエキスが含まれています。食べてはいけない食材を入れる前に、愛犬の分を取り分けて。

2 味付けをする前に分ける

犬にも塩分や糖分は必要ですが、人間と同じように味付けしたものを与えては摂りすぎになりがち。また、香辛料の中には刺激が強すぎるものもあるので、愛犬の分は味付け前に分けておきましょう。

刺身

人間の刺身用に売られているものであれば、
愛犬に生の魚を与えても大丈夫です。
一口大に切って、フードに混ぜてあげましょう。

飼い主用

愛犬用

冷やっこ

冷やっこなどに薬味をのせて食べる場合は、
薬味だけをおすそ分けしてトッピングしてあげるという手もあります。
大根下ろしと刻んだ大葉などは、消化しやすくおすすめです。

飼い主用  愛犬用

味噌汁

飼い主用の味噌汁を作るときに、味噌を入れる前に
具材と煮汁を取り分けておいて、フードにトッピングしてあげましょう。
食材のローテーションがしやすく、水分補給にも最適です。

飼い主用  愛犬用

鍋

飼い主が鍋を食べるときは、
愛犬にいろいろな具材をトッピングしてあげるチャンス!
ただし、ネギ類やその煮汁は与えないよう、十分注意しましょう。

飼い主用  愛犬用

家にあるものをのせるだけ！
簡単ちょい足しトッピング

わざわざ買ってきたり調理したりしなくても、家の冷蔵庫や食品庫にあるものにもトッピングにおすすめの食材があります。愛犬の体調に合わせてちょい足ししてみて！

新陳代謝を促進しエネルギーをアップ
カツオ節

イノシン酸が細胞を活性化し、新陳代謝を促進。ペプチドがエネルギー産出を邪魔する水素イオンを除去。

こんなときにおすすめ

食欲がないときの誘導に。多少塩分も含まれるので、疲れ気味のときや、水をがぶ飲みしてしまうときにも。

カルシウム補給に
青のり

カルシウムや鉄分はのりの中ではダントツに多く、ナトリウムも豊富でむくみのある犬にも効果が期待できます。

こんなときにおすすめ

貧血気味のとき、むくみのあるときに。カリウム制限を受けている犬には注意が必要。

そういえば家にあるよね

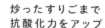

炒ったすりごまで抗酸化力をアップ
黒ごま・白ごま

ゴマリグナンの抗酸化成分が、活性酸素の働きを抑制。そのままでは吸収しにくいので、するか、すりごまを。

こんなときにおすすめ

肝機能が落ち気味のときや、脂質の多い食事が続くとき、被毛がパサつき血の巡りが悪いときに。与えすぎ注意。

栄養補給だけでなく
食欲アップにも

桜エビ

豊富なアスタキサンチンやビタミンE
が活性酸素の発生や酸化を抑え、皮膚
や血管の劣化を防ぎ、免疫力をアップ。

こんなときにおすすめ

食欲不振のとき。カルシウムが豊富なので、寝たきりの
犬や関節に疾患のある犬に。殻ごと細かくして与えて。

整腸作用など
嬉しい効果が期待できる

納豆

水溶性と不溶性両方の食物繊維をバラ
ンスよく含む発酵食品で、整腸作用が
期待できます。ひきわりがおすすめ。

こんなときにおすすめ

下痢や便秘気味で腸の調子を整えたいときや、高血圧や
血栓を予防したいとき、免疫力をアップしたいとき。

便秘の解消と
下痢の改善に

ヨーグルト

乳酸菌が善玉菌の活動を活発にし、便
秘の解消と下痢の改善に。腸が整い、
免疫力にも影響を与えます。

こんなときにおすすめ

便秘を解消したいとき、下痢を改善したいとき。朝起き
て胃液や胆汁を吐く場合は、寝る前に少量与えてみて。

むくみ取りと
通便アップに

とろろ昆布

カルシウムやヨウ素などのミネラルや
βカロテンが豊富。消化しにくい海藻
類の中では、比較的消化に優しい。

こんなときにおすすめ

便が硬いとき、便秘気味のとき。首の皮膚をしばらくつ
まんでから離しても皮膚が戻らないとき（むくみ状態）。

血行を促進し
冷えを解消

シナモン

血管やリンパ管を作るたんぱく受容体、
Tie2（タイツー）を活発にし、毛細血
管を強化する働きが期待されます。

こんなときにおすすめ

足先や耳先が常に冷たいとき、下痢や食欲不振のとき。
過剰にならないように少量を。出血している犬にはNG。

悪玉菌を減らし
善玉菌をプラス

リンゴ酢

腸内環境を整える食物繊維と酢酸が悪
玉菌を減らすうえ、善玉菌を多く含み、
腸を刺激することで便秘解消にも。

こんなときにおすすめ

下痢や便秘を繰り返すとき。食が細いときに、腸内環境
を整え、食べ物を効率よくエネルギーに変えてくれます。

冷凍庫・冷蔵庫に 常備したい作り置きトッピング

毎回トッピングを準備するのが大変！　という場合は、作り置きして
冷凍・冷蔵保存しておくと便利。手作りごはんにも使えます。

新鮮なたんぱく質の補給で免疫力アップ
ゆでた肉・魚

ゆでた肉や魚＆煮汁は、トッピングの基本。
大きめの製氷皿などで冷凍しておけば、
使いたいときに使いたいだけ解凍できます。

冷凍庫保存で
約1カ月

材料

●好みの肉、または魚
（魚の内臓や頭は
　重金属が含まれるので、
　取り除くのがおすすめ）

作り方

1

鍋に肉または魚と水を入
れ、火にかけて沸騰させ、
肉・魚に火が通るまで煮
る。粗熱が取れたら、手
で細かくしたり、魚の骨
を外したりして、食べや
すい状態にする。

2

煮汁ごとフードにかける。
残りは製氷皿に入れて冷
凍保存し、レンジにかけ
るか自然解凍して使う。

ビタミンや水分補給とデトックスに
くず野菜スープ

冷凍庫保存で
約1カ月

大根の皮やセロリの葉、ほうれん草の根、
ブロッコリーの茎など、捨ててしまいがちな
くず野菜も、優秀なトッピングに！

材料

● 余った野菜やむいた
　皮などのくず野菜
　（犬が食べてはいけない
　ネギ類などは除く）

作り方

1

鍋にくず野菜とひたひ
たの水を入れ、火にか
けて沸騰させ、10分
ほどよく煮る。

2

火を止めて、汁ごとブ
レンダーにかけ、ペー
スト状にする。

3

製氷皿に入れて冷凍保
存する。

4

使うときは、1回分ず
つ製氷皿から取り出し、
レンジにかけるか自然
解凍する。フードに
トッピングして与える。

イモ類を混ぜて保存袋で平たく保存
マッシュポテト

イモ類を使ったトッピングを冷凍しておけば
旅先などでも使いやすいです。
具と汁それぞれ冷凍保存して、使い分けを！

冷凍庫保存で
約1カ月

材料

● ジャガイモ、サツマイモ、
　サトイモなどのイモ類
● 好みの肉または魚

作り方

1
鍋に一口大に切ったイモと肉または魚、水を入れ、火にかけて沸騰させ、10分ほどよく煮る。

2
火が通ったら、具材をざるにあげて、汁と分ける。

3
具材をボウルに入れて、麺棒などでマッシュする。

4
3をジッパー付きビニル袋などに平らに入れ、ナイフなどで筋を入れて、1回分ずつに分ける。

5
汁は製氷皿に入れて、4とともに冷凍保存する。

6
具材のほうを使うときは、線を入れた部分で割って、1回分ずつ解凍する。フードにトッピングして与える。

肝臓の毒素排出に！
しじみ汁

肝臓ケアにおすすめのしじみ汁。
まとめて製氷皿で冷凍しておけば、
手作りごはんの水分としても重宝します。

材料

● しじみ … 25〜30粒
● 水 … 約1ℓ

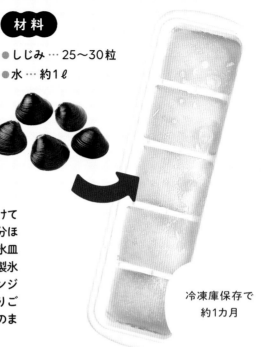

冷凍庫保存で
約1カ月

作り方

鍋にしじみと水を入れ、火にかけて沸騰させ、あくを取りながら5分ほど煮る。しじみを取り除き、製氷皿に入れて冷凍保存。使うときは製氷皿から1回分ずつ取り出し、レンジにかけるか自然解凍する。手作りごはんに使うときは、凍った状態のまま鍋に入れて、火にかける。

抗酸化作用で老化防止
昆布水

昆布をポットに入れて冷蔵庫に保存しておけば、
フードのトッピングや、手作りごはんの水分に。
飼い主のごはんの昆布だしとしても活躍！

冷蔵庫保存で
約1週間

材料

● 昆布 … 3〜4g
● 水 … 約1ℓ

作り方

昆布を濡らしたキッチンペーパーで拭いて、細切りにし、水と一緒にポットに入れる。冷蔵庫で1晩置けば完成。

犬に与えてはいけない危険な食材

人間は大丈夫でも、犬が口にすると
中毒症状を引き起こしてしまう成分が含まれる食材があります。
誤飲、誤食、盗み食いにも十分に注意をしてください。

ネギ類

アリルプロピルジスルフィドという成分が
赤血球を破壊し、貧血を引き起こす可能性
が高いです。ニンニクは少量ならOK。

未熟なサクランボ、
青梅とその種

未熟なサクランボや青梅の種と皮の部分に
は、犬に有害なシアン化物が。梅雨の時期
に道に落ちている青梅の誤食には十分な注
意が必要。

ブドウ、レーズン

急性腎不全を引き起こす可能性のある果物。
食欲低下、元気消失、嘔吐下痢、腹痛、オシッ
コの量が減る、脱水などの症状が出ます。

チョコレート

テオブロミンという成分が、1〜4時間で
嘔吐下痢、興奮、多尿、けいれんなどの症
状を引き起こします。中毒量は体重1kg
に100mg以上と言われています。

青梅ってよく
落ちてるよね

キシリトール

インスリンが過剰に分泌され急激に低血糖
を起こします。中毒量は体重1kgに100mg
以上が目安。症状は下痢嘔吐、元気消失、
震え、異常なよだれなど。

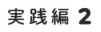

5色の食材で
健康ごはん

愛犬の健康にいいごはんを考えるうえでいちばん気になるのが、栄養バランス。見た目でわかりやすい方法の一つとして、色で食材を選ぶ方法を紹介します。手作りごはんでもトッピングでも、活用してみてください！

5色の食材とは？

1日のごはんで、5つの色が入るように意識すると
自然と栄養バランスが取れていきます。
これは、薬膳でも使われる考え方です。
季節や体調に合わせて、色のバランスを変えましょう。

冬
黒・茶

腎臓・膀胱

- 便通を改善する
- 血液を浄化する
- 腫瘍を軟化させる
- 老化防止

冷え込む冬には、腎臓は冷えつつも1年で一番活発に働き、血液の浄化に努めます。食物繊維やビタミン、ミネラルが豊富な海藻やきのこ類など、茶・黒の食材には腎を整え、生命力と免疫力を高める作用が高いと言われています。

秋
白

肺・大腸

- 体を潤す
- 血流や気の
  流れを整える

秋には肺が活発に働き始めますが、秋は空気が乾燥し、肺や気管、腸などの粘膜が乾きやすい時期でもあります。米や小麦食品、乳製品、野菜などの白の食材は、体を潤し乾燥を防ぎ、滞りがちな血流や気の流れを整えてくれます。

カラフルだと
見た目もきれい

春—緑

肝臓・胆のう

● 体の水分を調整する
● デトックス
● リラックス

冬に溜め込んだ老廃物を排出する春は、1年で一番肝臓が働く季節。解毒を主に担う肝臓のケアは必須です。野菜や果物などの緑の食材は、デトックス効果が高く、ビタミン豊富で元気を回復させてくれます。気持ちを落ち着かせる効果も。

夏—赤

心臓・小腸

● 熱を清める
● 便通をよくする
● 解毒
● 水分を散らす

夏は心臓が活発に働く季節。赤の食材の代表である動物性たんぱく質の肉や魚で血を補い、暑さで消耗しがちな元気をチャージ。また、赤の野菜に多く含まれるリコピンは抗酸化作用があり、がん予防効果も期待できます。

長夏・梅雨（ちょうか）—黄

胃・脾臓

● 消化機能を整え、
　下痢を改善する
● 気力の衰えを
　解消する

長夏（＝夏と秋の間）と梅雨は湿気の多い季節。さらに、気温が高い日が長引くと、胃腸の調子が崩れやすくなります。卵や穀類、大豆、野菜、果物など、黄色の食材には胃腸に優しいものが豊富。疲れや痛みを和らげる作用も期待できます。

与える食材の分量と割合

食材の分量と割合は、体重によって肉や魚の量を決め、見た目のかさでざっくり同量程度の野菜を選びます。人間のごはんがいつも完璧な栄養ではないように、完璧を求めないことが続けるコツ!

食材の割合の目安

肉・魚		野菜		水分
1	**:**	**1〜2**	**:**	

肉・魚

まず、肉か魚の量を、右ページの表を参考に決めます。同じ体重でも、運動量によっても変わるので、与えながらようすを見て調整を。内臓肉は肉の全体量の30％までにとどめましょう。

野菜

肉または魚の量に合わせて、重さではなく調理前の見た目のかさで、同量か少し多めの野菜を選びます。今まであまり野菜を与えていなかった場合は、少なめから始めて。

水分

日本獣医師会推奨の「1日に必要な水分量」を下の式か右の表で確認。1日2食なら、1食にその約1/3を使ってつゆだくごはんに。

どんなごはんができるのかな?

1日に与える水分量は?

※スマートフォンの電卓アプリで計算する場合は、スマホを横向きにして関数電卓に切り替え、「体重（kg）の数字」「x^y」「0.75」「×」「132」を押すと計算できます。

1日に必要な水分量（㎖）= 体重（kg）の **0.75乗 × 132**

※体重5kgなら、5の0.75乗 × 132 = 441.368 …

1日に与える肉・魚、水分の摂取量の目安

体重	赤身肉 （牛・馬・ラム）	白身肉 （豚・鶏）	魚	水分
2 kg	60~65 g	55~60 g	65~70 g	220 ㎖
5 kg	120~130 g	110~120 g	130~140 g	440 ㎖
7 kg	155~165 g	140~150 g	170~180 g	570 ㎖
10 kg	210~230 g	200~220 g	220~240 g	740 ㎖
15 kg	280~300 g	250~270 g	300~320 g	1,010 ㎖
20 kg	345~365 g	310~330 g	380~400 g	1,250 ㎖
25 kg	420~440 g	370~390 g	440~460 g	1,470 ㎖
30 kg	480~510 g	420~450 g	520~550 g	1,690 ㎖
35 kg	530~560 g	480~510 g	570~600 g	1,900 ㎖
40 kg	590~620 g	530~560 g	630~660 g	2,100 ㎖

基本レシピを作ってみよう

本書でおすすめしているごはんは、人間の雑炊と同じで、鍋1つに湯を沸かし食材を入れて煮込むだけ。

10分以内を目安にささっと作ってしまいましょう。

実際に「例」のごはんを作りながら、コツをつかんで！

※「例」は体重約10kg、1日2食の場合の1食分のレシピです

1

肉・魚を選ぶ

まずは主食となるたんぱく質を選びます。肉を中心に、週に2〜3食は魚が出てくるイメージで、季節や愛犬の体調によってローテーションさせましょう。1週間のローテーションのイメージはP.106も参考にしてください。

例

赤の肉・魚類
50%

- 鶏胸肉 … 110g
- ➡ もしくはフード

緑

赤の肉・魚類

茶・黒

白

黄

基本のバランス（見た目のかさで）

肉・魚類50% ＋
他の色の野菜・きのこ・海藻

2

野菜を選ぶ

次に、旬のものを中心に、野菜やきのこ類、海藻を2〜5品ほど選びます。肉・魚類の色以外の4色を、見た目のかさで同じぐらいの割合になるように選ぶと、バランスが取りやすいです。冷蔵庫にあるものを活用して！

例

黄 **15%**	● カボチャ … 50g（約4cm角）	茶・黒 **11%**
緑 **12%**	● ブロッコリー … 25g（約1房）	● まいたけ … 10g
		● ひじき … 小さじ1
白 **12%**	● 大根 … 40g（約1.5cm）	

野菜・きのこ・海藻は
基本的に細かく刻む

肉・魚は
一口大に切る

③ 食材を切る

愛犬の体調に合わせて食材を切ります。基本
的に肉や魚は一口大に、カボチャやイモ類な
ど手でつぶせる野菜は適当な大きさに、根菜
はすり下ろし、それ以外は細かく刻みます。
鍋に湯を沸かしながら準備すれば、効率的！

例

- 鶏胸肉は一口大に切る。
- カボチャ、ブロッコリー、
  まいたけ、ひじきは
  細かく刻む。
- 大根はすり下ろす。

根菜はすり下ろす

④ 水分を用意する

P.40-41の「1日に必要な水分量」に対して、
1日2食与えるなら、約1/3の量の水分を用
意。硬水は控え、水道水など軟水を使えば
OK。P.35のしじみ汁や昆布水を使うのもお
すすめです。

例

- 水 … 250㎖

味付きの水は
飲みやすい！

⑤ 肉・魚を煮る

湯が沸いたら、肉・魚から、火の通りにくい
順に鍋に入れて煮込みます。青魚は頭と内臓
を取り除いて。川魚はぶつ切りにして丸ごと。

例 鍋に水250mℓを沸騰
させ、鶏胸肉を加えて、
2〜3分ほど煮る。

⑥ 火の通りにくい野菜から加える

硬くて火の通りにくい野菜から、鍋に加えて
いきます。ほうれん草などの青菜は別ゆでし
てよく絞り、シュウ酸を除いてから加えて。

例 カボチャを加えて、さ
らに2〜3分ほど煮る。

⑦ 火の通りやすい野菜も順に加えていく

軟らかめの野菜やきのこ類、海藻などを加え
て、さらに煮ます。根菜類はすり下ろしてか
ら煮込むと、消化に優しく吸収も上がります。

例 ブロッコリー、まいたけ、
ひじきも加えて、さらに
2〜3分ほど煮る。

8

器に移して粗熱を取り、
残りの食材を加える

食材に火が通ったら火を止めて、鍋の中身を
煮汁ごと器に移します。そのまま冷めるのを
待つか、急ぐ場合は保冷剤などを使って冷ま
します。粗熱が取れたら、熱に弱い栄養素を
含む大根下ろしなどの食材をトッピング。

> **例**
>
> 器に移して粗熱が取れたら、
> 大根下ろしを加える。

早く
食べた〜い

9

手で混ぜてから
与える

全体を混ぜて完成。食が細かったり食欲が落
ちたりしていても、手からなら食べる犬は少
なくありません。手にはたくさんの常在菌と
飼い主の気持ちが含まれているので、フード
でも手で混ぜることをおすすめしています。

Finish!

カラフルで
おいしそう!

フードに
トッピングする場合

肉・魚を一部または全部フードに入れ替えて、トッ
ピングとして与えてもOK。見た目のかさで、トッ
ピングが全体の1割以下ならフードは普段通りの
量を、2〜3割ならフードを少し減らして。

旬の食材を中心に、季節に応じてケアすべきポイントに
フォーカスしたごはんやトッピングを用意しましょう！
毒出しの春には、デトックス力の高いジャガイモや
セロリを、ビタミン豊富な豚肉と合わせて。

春は苦味の
ある野菜が旬

春の食材選びのポイント

緑多め

1年を通して一番肝臓が働く季節で、肝臓ケアは必須。さらに、狂犬病予防接種や混合ワクチン接種などを受ける機会も多く、肝臓には薬の解毒という仕事も追加されます。デトックス効果の高い、苦味のある緑の野菜を取り入れて、肝臓ケアを！

例えばこんな食材

クレソン、春菊、菜の花、セロリ、キャベツ　など

材料

（体重約10kg、1日2食の場合の1食分）

● 水（またはしじみ汁〈P.35参照〉）
　… 250㎖

緑 30%

● キャベツ … 30g（約1枚）
● セロリ … 25g（約4cm）

白 10%

● ジャガイモ
　… 45g（約中1/2個）

茶・黒 5%

● マッシュルーム … 10g（約1個）

赤の肉・魚類 50%

● 豚モモ肉 … 110g
➡ もしくはフード

赤 3%

● なつめ … 2個
➡ なしでもOK

黄 2%

● 乾燥ショウガ粉
　… 耳かき1杯
➡ ない場合はシナモン

作り方

1 豚モモ肉、キャベツ、セロリ、マッシュルームは細かく刻む。ジャガイモはすり下ろす。

2 鍋に水（またはしじみ汁）となつめを入れて、沸騰させる。

3 2に1と乾燥ショウガ粉を加え、7～8分ほど煮てしっかり火を通す。

4 3からなつめを取り出し、種を外して実を鍋に戻す。

5 器に移して粗熱を取り、手で混ぜれば完成。

貧血予防
にもなる

たんぱく質やビタミンB群、タウリン、マグネシウム、
鉄分などの豊富な、春カツオをメインに。
特にタウリンは、春にケアしたい肝臓の機能を
アップする効果が期待できます。

材料

(体重約10kg、1日2食の場合の1食分)

●水（またはしじみ汁〈P.35参照〉）
　… 250mℓ

茶・黒 5%

●まいたけ … 10g

白 10%

●ゴボウ
　… 15g（約4cm）

緑 30%

●春菊 … 20g（約2株）

赤の肉・魚類 50%

●カツオ（刺身用）… 120g
➡もしくはフード

黄 5%

●ひきわり納豆 … 小さじ1

作り方

1 カツオは一口大に切る。春菊、まいたけは細かく刻む。ゴボウはすり下ろす。

2 鍋に水（またはしじみ汁）を入れて沸騰させる。

3 2に1の春菊、まいたけ、ゴボウを加えて、7〜8分ほど煮てしっかり火を通す。

4 器に移して粗熱を取り　1のカツオを加えて、手で混ぜる。
最後にひきわり納豆をのせて完成。

魚も
おいしいよね

その他、春に取り入れたい食材

甘味のある旬の野菜で
消化器の働きをサポート

春はお腹がゆるみやすい季節でもあります。甘味のある
旬の野菜は胃や腸などの消化器を優しくサポートしてく
れるので、これらの野菜を軟らかく煮て、いつものフー
ドにトッピングするだけでもOK！

例えばこんな食材

アスパラガス、ニンジン、
キャベツ、ソラマメ、
サヤエンドウ　など

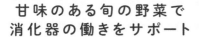

四季の色ごはん3

梅雨
TSUYU

被毛で覆われている犬たちは、湿気を逃すことが苦手。
さらに、気温が高い日が長引くと、胃腸の調子が
崩れやすくなってしまいます。胃腸ケアをしつつ、
利水作用のある食材で湿気や熱を逃しましょう。

たまには
肉・魚をお休み

梅雨の食材選びのポイント　→　黄多め

黄色の食材には、食物繊維を多く含むものがたくさんあります。食物繊維は腸の善玉菌のエサとなり、腸内環境を整える効果が期待できます。消化活動がスムーズに進むことで、お腹の調子が整い、腸をお休みさせてあげられるのです。

例えばこんな食材

栗、カボチャ、大豆、トウモロコシ、卵黄、オートミール　など

材料
（体重約10kg、1日2食の場合の1食分）

● 水
　… 250mℓ

茶・黒 5%

● しめじ
　… 15g（約1/6パック）

白 15%

● 豆乳 … 50cc

緑 10%

● アスパラガス
　… 20g（約1本）

赤 5%

● ミニトマト
　… 20g（約2個）

黄 65%

● 卵 … 1個
● トウモロコシとヒゲ
　… 芯込みで45g
　（約1/6本）
● オートミール … 20g
● レモン
　… 薄い輪切り1枚

作り方

1 アスパラガス、しめじ、ミニトマト（種はまれにアレルギー反応を起こす犬がいるので、心配な場合は種を外す）は細かく刻む。トウモロコシの実とヒゲは芯から外してみじん切りにする。卵は白身と黄身を分けておく。

2 鍋に水と**1**のトウモロコシの芯を入れ、沸騰させる。

3 **2**に**1**のアスパラガス、しめじ、ミニトマト、トウモロコシの実とヒゲと、オートミールを加え、5〜6分ほど煮てしっかり火を通す。

4 **3**からトウモロコシの芯を取り出し、**1**の卵白と豆乳を加えてひと煮立ちさせる。

5 器に移して粗熱を取り、**1**の卵黄とレモンを加えて、手で混ぜれば完成。

心臓が活発に働く夏。暑さで体力を消耗しがちなので、
高たんぱくな馬肉で元気をチャージ!
ビタミンCとカリウムが豊富な夏の野菜、
ゴーヤと合わせて、余分な水分と熱の排出も。

馬肉には体を
冷やす効果も

夏の食材選びのポイント　➡　赤多め

赤の食材の代表である、動物性たんぱく質の肉や魚などには、体を作る大切な栄養素がたっぷり含まれています。暑さで消耗しがちな体に元気を補うためにも、赤のたんぱく質は必須。また、赤の野菜に多く含まれるリコピンには、抗酸化作用が期待できます。

例えばこんな食材

牛肉、ラム肉、鹿肉、レバー、マグロ、カツオ、ニンジン、トマト　など

材料

(体重約10kg、1日2食の場合の1食分)

● 水（または昆布水〈P.35参照〉）
　… 250㎖

黄 2%

● シナモン
　… 耳かき2杯
● 味噌 … 耳かき1杯

茶・黒 8%

● もずく … 大さじ1

緑 10%

● ゴーヤ … 40g（約1/8本）

赤 20%

● トマト … 60g（約中1個）

赤の肉・魚類 50%

● 馬肉（生食用、冷凍）
　… 110g
➡ ない場合は
　牛肉、ラム肉
➡ もしくはフード

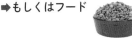

白 10%

● ヨーグルト … 大さじ1

作り方

1 ゴーヤ、もずくは細かく刻む。トマトは種を外し、細かく刻む。

2 鍋に水（または昆布水）を入れて、沸騰させる。

3 2に1とシナモン、味噌を加え、7〜8分ほど煮てしっかり火を通す。

4 器に凍った馬肉を入れ、3をかけて解凍する
（馬肉がすでに解凍してある場合は、3が冷めてからかける）。

5 粗熱が取れたら、ヨーグルトを加えて、手で混ぜれば完成。

栄養豊富な
アユを丸ごと!

初夏が旬のアユは「川魚の王様」とも呼ばれ
ビタミンがたっぷり。
血行を促進して末梢血管を広げる効果が期待でき、
エアコンによる体の深部や四肢の冷え対策に。

材料

（体重約10kg、1日2食の場合の1食分）

● 水（または昆布水〈P.35参照〉）
　　… 250ml

● モロヘイヤ … 10g（約2茎）

緑 10%

赤 15%

● 赤ピーマン
　　… 10g（約1/4個）

茶・黒 5%

● めかぶ … 大さじ1

白 10%

● カリフラワー
　　… 30g（約1房）

黄 10%

● ニンジン … 20g（約2cm）
● 生ショウガ … 少々

白の肉・魚類 50%

● アユ … 120g（約1尾）
➡ ない場合は
　マグロ、カツオ
➡ もしくはフード

作り方

1 アユは丸ごとぶつ切りにする。赤ピーマン、モロヘイヤ、カリフラワー、めかぶは細かく刻む。生ショウガはすり下ろす。

2 鍋に水（または昆布水）を入れて沸騰させる

3 **2**に**1**を加え、7〜8分ほど煮てしっかり火を通した後、ニンジンをすり入れる。

4 器に移して粗熱を取り、手で混ぜれば完成。

その他、夏に取り入れたい食材

利尿作用のある
カリウム豊富な食材を

夏は体の中に熱や湿気がこもりやすく、食欲不振や胃腸の不調を起こしやすい季節でもあります。余分な熱を冷まし、いらない水分を排出してくれる食材をコツコツと取り入れることで、暑さから体を守るケアもしてみてください。

例えばこんな食材

キュウリ、モヤシ、トウガン、スイカ、ゴーヤ、ピーマン、トウモロコシのヒゲ　など

夏の暑さが和らぎ一息つくころには、
肺が活発に働き始めます。肺は乾燥が苦手なので、
保水力のあるヤマイモやレンコンでケアを。
粘膜を保護するビタミンAたっぷりの鶏胸肉と合わせて。

カツオ節が
シュウ酸を排出!

秋の食材選びのポイント

➡ **白多め**

秋は空気が乾燥し、犬たちも肺や気管、腸などの粘膜が乾きやすい時期。粘膜が乾いてしまうと、病気に感染したり、各臓器の機能が落ちたり、ウンチが硬くなりすぎたりと、不調が出やすくなります。体を潤すのが得意な白の食材で、潤いを補ってケアを。

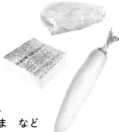

例えばこんな食材

鶏肉、白身魚、梨、大根、カブ、ヤマイモ、レンコン、豆腐、白ごま　など

材料

（体重約10kg、1日2食の場合の1食分）

- 水（または昆布水〈P.35参照〉）
  … 250㎖

茶・黒 10%

- えのきだけ … 20g
- カツオ節
  … ひとつまみ

緑 10%

- ほうれん草
  … 10g（約2枚）

黄の肉・魚類 50%

- 鳥胸肉 … 110g
- ➡ もしくはフード

白 30%

- ヤマイモ
  … 45g（約2cm）
- レンコン
  … 25g（約1.5cm）

作り方

1 鶏胸肉は一口大に切る。ほうれん草、えのきだけは細かく刻む（シュウ酸カルシウム結石の既往歴のある犬は、ほうれん草を避けるか、下ゆでする）。レンコンはすり下ろす。

2 鍋に水（または昆布水）を入れて、沸騰させる。

3 2に1を加え、7〜8分ほど煮てしっかり火を通す。

4 器に移して粗熱が取れたら、ヤマイモをすり入れ、カツオ節を加えて、手で混ぜれば完成。

食欲の秋だもんね

白身魚のタラは、血液をサラサラにする効果が
期待できる、ビタミンAが豊富。
秋に乾燥しがちな肺や気管、腸などの粘膜を潤し、
保護してくれるサトイモと一緒に。

秋は水分も
たっぷりに！

材料

（体重約10kg、1日2食の場合の1食分）

● 水（または昆布水〈P.35参照〉）
　… 250mℓ

茶・黒 10%

● しいたけ
　… 15g（約1枚）

白の肉・魚類 50%

● タラ … 120g
➡ もしくはフード

緑 5%

● チンゲン菜 … 20g（約1枚）

黄 10%

● ニンジン … 20g（約2cm）
● リンゴ酢
　… 小さじ1/2

白 25%

● サトイモ … 45g（約1個）
● 白すりごま … ひとつまみ

作り方

1 タラは骨を外す。チンゲン菜、サトイモ、しいたけは細かく刻む。ニンジンはすり下ろす。

2 鍋に水（または昆布水）を入れて、沸騰させる

3 2に1を加え、7〜8分ほど煮てしっかり火を通す。

4 器に移して粗熱が取れたら、リンゴ酢、白すりごまを加えて、手で混ぜれば完成。

その他、秋に取り入れたい食材

冬に備えて エネルギーをキープ

秋は、夏に消耗した体力や気力を取り戻す季節でもあります。気力や体力を補う、滋養強壮効果のある食材を取り入れるのもおすすめです。冬に備えてエネルギーをキープさせてあげてください。

例えばこんな食材

ジャガイモ、サトイモ、サツマイモ、カボチャ、ヤマイモ、白米、ニンジン など

体を温める
ラム肉！

ぐっと冷え込む季節に入ると、腎臓は冷えつつも
1年で一番活発に働き、血液の浄化に努めます。
春に向けてのエネルギーを腎臓で蓄え始める時期でもあり、
脂質のやや多めなラム肉などを取り入れて。

冬の食材選びのポイント ➡ 茶・黒多め

黒の食材は腎を整え、生命力と免疫力を高める作用が高いと言われます。冷えが入り込みやすい冬は、腎への血流も滞りがち。生命の源でもある腎をサポートして、元気に春を迎える準備を。また、骨を丈夫にするカルシウムやビタミンDが豊富なものも多いです。

例えばこんな食材

黒ごま、のり、
もずく、ひじき、
きのこ類、ゴボウ　など

材料

（体重約10kg、1日2食の場合の1食分）

● 水（またはしじみ汁〈P.35参照〉）
　… 250㎖

茶・黒 13%

● エリンギ
　… 15g（約1/2本）

● のり … 適量

※乾いたのりが気管に貼りつくと危険なので、ドライフードにトッピングする場合は細かくするか、あるいは避ける。

白 12%

● カブの根 … 50g（約1/2個）

緑 10%

● カブの葉 … 10g（約2枚）

赤の肉・魚類 50%

● ラム肉 … 120g
➡ ない場合は牛肉
➡ もしくはフード

黄 15%

● カボチャ
　… 45g（約3cm角）

作り方

1　ラム肉は一口大に切る。カボチャ、カブの葉、エリンギは細かく刻む。カブの根はすり下ろす。

2　鍋に水（またはしじみ汁）を入れ沸騰させる。

3　2に1を加え、7〜8分ほど煮てしっかり火を通す。

4　器に移して粗熱が取れたら、ちぎったのりを加えて、手で混ぜれば完成。

冬は
エネルギー大事

海のミルクと言われる栄養価の高い牡蠣は、
冬から春の間に数回入れてあげたい食材。
イワシなど青魚に含まれるEPAやEHAは、
血液をろ過する腎臓の負担を軽減する効果が期待されます。

夕食から牡蠣を
おすそ分け！

材料 （体重約10kg、1日2食の場合の1食分）

● 水（またはしじみ汁〈P.35参照〉）… 250㎖

茶・黒 15%

● ひらたけ
　… 20g（約2本）
➡ ない場合は
　まいたけ、しいたけ
● ひじき … 大さじ1
● 黒すりごま … ひとつまみ

白 15%

● ハクサイ … 50g（約1/2枚）

緑 2%

● 大葉 … 1枚

赤 3%

● あずき粉 … 小さじ1
➡ なしでもOK

黄 15%

● サツマイモ … 30g（約1/6個）

黒の肉・魚類 50%

● イワシ … 120g（約1尾）
● 牡蠣 … 1個
➡ もしくはフード

作り方

1 イワシは頭を落とし、内臓を取り除いて、手開きにして身と骨を分け、身を一口大に切る。サツマイモ、ハクサイ、ひらたけ、ひじきは細かく刻む。

2 鍋に水（またはしじみ汁）を入れ、沸騰させる。

3 2に1と牡蠣を加え、7〜8分ほど煮てしっかり火を通す。

4 3からイワシの骨を取り出し、骨のまわりについている身を手で外して、鍋に入れる。

5 器に移して粗熱が取れたら、刻んだ大葉、あずき粉、黒すりごまを加えて、手で混ぜれば完成。

その他、冬に取り入れたい食材

冷えは万病の元。深部から温めるケアを

冬が近づき気温が低下するとともに、体も冷えやすくなります。冷えは万病の元とも言われ、不調や病気の引き金になりかねないので、深部から体を温める食材や血行を促進する食材などでケアしましょう。

例えばこんな食材

シナモン、大葉、カブ、ビーツ、カボチャ、甘酒、ショウガ、ラム肉　など

被毛がパサついている

ちょっとした不調や変化は、病気の始まりということも。
愛犬の体調を見て、5色の食材のバランスを変えてみて。
被毛がパサつく場合は、鶏の手羽先やレバー、ハツとともに、白や緑の食材を炒めにしましょう。

白多め

白の食材は、体を内側から潤して乾燥を防ぎ、滞りがちな血流や気の流れを整えてくれます。保水力のある食材を摂ることで、体内に水分がいきわたると、結果的に被毛にも潤いが出てきます。

例えば…

大根、カブ、レンコン、ヤマイモ、白ごま、本くず粉　など

緑多め

被毛がパサつくのは、体全体の新陳代謝が滞っている可能性があります。豊富なビタミンを含む緑の食材は、デトックス効果が高く、皮膚のターンオーバーを促し、新陳代謝を促進すると言われます。

例えば…

キャベツ、ほうれん草、小松菜、パセリ　など

材料 （体重約10kg、1日2食の場合の1食分）

- 水 … 250㎖

緑 15%

- 小松菜 … 25g（約2〜3枚）

白 35%

- 大根 … 50g（約1.5cm）
- ヤマイモ … 50g（約2cm）
- 白すりごま … 小さじ1/2

黄の肉・魚類 50%

- 鶏手羽先 … 100g（約2本）
- 鶏レバー … 30g
➡もしくはフード

+a

- カメリナオイル … 小さじ1/2
➡ない場合は ヘンプオイル、アマニ油

その他のポイント

アレルギーを抑制する
αリノレン酸も摂取を

脂質の中でも注目のオメガ3系脂肪酸には、植物由来の
αリノレン酸、青魚に多いDHA、EPAの3種類があり
ます。特にαリノレン酸にはアレルギーの抑制、血圧調整、
血栓予防といった効果が期待でき、被毛のケアにおすすめ。

アマニ油
エゴマ油

くるみ

大豆

手羽先で
コラーゲンを！

作り方

1 鶏レバーは一口大に切る。
　 ヤマイモ、小松菜は細かく刻む。

2 鍋に水を沸騰させ、**1**の鶏レバーを
　 入れて5分ほどゆでる。

3 **2**に**1**のヤマイモ、小松菜を加えて、
　 さっと火を通す。

4 器に移して粗熱を取り、
　 生の鶏手羽先
　 （丸ごと、もしくは骨ごとカットして）、
　 カメリナオリル、白すりごまを加えて、
　 大根をすり入れる。
　 手で混ぜれば完成。

※火を通した骨は危険なので、鶏手羽先を骨ごと
与えるときは、必ず生で与えてください。

オシッコが濃くて臭い

オシッコが濃い場合、体に必要な水分が
不足している可能性があります。
ごはんや、間食のスープやミルクで水分補給をしつつ
カリウムや水分豊富な野菜でケアを！

白多め

ウリ科の野菜やイモ類など、利尿を促進する効果が期待できる、カリウム豊富な白の食材を多めにして。

例えば…

トウガン、モヤシ、カリフラワー、サトイモ　など

緑多め

そもそも体内の水分が不足している可能性が高いので、水分豊富な緑の野菜を多めに摂りましょう。

例えば…

キュウリ、レタス、ハクサイ、チンゲン菜　など

茶・黒多め

黒の海藻類は、カリウムを含むミネラルが豊富で、腎機能をサポートする効果が期待できます。

例えば…

ひじき、もずく、のりなど海藻類、マッシュルーム　など

材料

（体重約10kg、
1日2食の場合の1食分）

●水 … 250㎖

緑 20%

●キュウリ
　… 50g（約1/2本）

茶・黒 5%

●ひじき … 大さじ1
●マッシュルーム … 15g（約1個）

赤の肉・魚類 50%

●アジ … 120g（約小2匹）
➡もしくはフード

白 25%

●カリフラワー
　… 30g（約1房）

その他のポイント

たんぱく質を減らして野菜を多めに

オシッコが濃くて臭い場合は、メインのたんぱく質やフードを15％ほど減らして、野菜を多めに。便がゆるくなったり、未消化の野菜が出てきたりする場合は、野菜をペーストにするか量を減らして調整してみてください。

たんぱく質やフードを約15％減

野菜を増やす

快尿だと
気持ちいいね！

作り方

1 アジは3枚に下ろし、一口大に切る。カリフラワー、マッシュルーム、ひじきは細かく刻む。

2 鍋に水を沸騰させ、アジと中骨を入れて3〜4分ほど煮る。

3 2から中骨を取り出し、骨のまわりについた身を手で外して、鍋に入れる。

4 3に1のカリフラワー、マッシュルーム、ひじきを加えて、さらに3〜4分ほど煮る。

5 器に移して粗熱を取り、キュウリをすり入れて、手で混ぜれば完成。

おならがいっぱい出る

おならの原因はいくつか考えらえれますが、
いずれにしても腸内にガスが溜まっているということは
腸が不健康な状態。体をさびさせる要因になります。
食事で腸内環境を整えるケアを！

白多め

善玉菌と悪玉菌のバランスを整えて、
腸内環境を正常化する、発酵食品や食
物繊維の豊富な食品など白の食材を。

例えば…

サトイモ、寒天、
ヨーグルト　など

黄多め

善玉菌のエサとなり、善玉菌を育てる
水溶性の食物繊維が豊富な黄色の食材
を多めに摂りましょう。

例えば…

納豆、大麦、オートミール、ミカン、
パイナップル　など

茶・黒多め

黒の食材である海藻全般も、水溶性の
食物繊維が豊富。トッピングとしてう
まくプラスして。

例えば…

めかぶ、もずく、
昆布など海藻全般

材料

（体重約10kg、
　1日2食の場合の1食分）

●水 … 250㎖

茶・黒 5%

●めかぶ … 大さじ1

白 30%

●ヨーグルト … 大さじ1
●サトイモ … 45g（約1個）

黄 15%

●ひきわり納豆
　… 小さじ1

**白の肉・魚類
50%**

●ワカサギ … 120g
➡ない場合は
　サケ
➡もしくはフード

その他のポイント

発酵食品と食物繊維で
腸内細菌のバランスを整える

おならの原因は、早食いで空気をたくさん取り込んでいる、食物繊維の摂りすぎ、悪玉菌が喜ぶ肉や魚が多すぎ、ストレスなど。適量の食物繊維と善玉菌が喜ぶ発酵食品に加えて、適量のたんぱく質と適度な散歩でケアを。

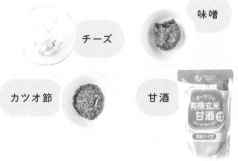

チーズ

味噌

カツオ節

甘酒

健康でも
おならは出る

作り方

1 サトイモは皮をよく洗い、
皮ごと輪切りにする。
めかぶは細かく刻む。

2 鍋に水を入れて沸騰させ、
ワカサギと**1**のサトイモを入れて、
サトイモが軟らかくなるまで
5〜6分ゆでる。

3 器に移して粗熱を取り、
1のめかぶとヨーグルトを加えて、
手で混ぜる。
最後にひきわり納豆をのせて完成。

太り気味

太り気味だと、肝臓の仕事量が増え、心臓や関節にも
負担になるなど、体への負荷が大きすぎます。
高たんぱく低脂肪で新陳代謝をアップする食事と
適度な運動で、太りにくい体を作りましょう！

茶・黒多め

食物繊維やビタミン、ミネラルが豊富な海藻やきのこ類など茶・黒の食材は、体の巡りを整えると言われています。便通を促し、血流をよくして、太りにくい体を作ってあげましょう。

例えば…
ひじき、めかぶ、
のりなど海藻全般、
まいたけ、
しめじなどきのこ類

緑多め

たんぱく質や脂質、糖質の代謝にかかわる、ビタミンB群とCの水溶性ビタミンを含む、緑の野菜を多めに。たんぱく質とあわせて摂ることで、体の筋肉量を増やして基礎代謝を上げ、脂肪の燃焼を。

例えば…
ピーマン、ゴーヤ、
ブロッコリー、
サヤエンドウ、小松菜
キャベツ　など

材料
（体重約10kg、
1日2食の場合の1食分）

● 水 … 250㎖

緑 15%

● ピーマン
… 50g（約1個）

茶・黒 10%

● しめじ
… 20g（約1/5パック）
● もずく … 大さじ1

赤の肉・魚類 50%

● 馬肉（生食用、冷凍）… 120g
➡ ない場合は
鶏ササミ
➡ もしくはフード

白 25%

● 豆腐 … 35g（約1/10丁）
● モヤシ … 20g（約1/10袋）

● 乾燥ショウガ粉
… 耳かき1杯

+a

その他のポイント

低脂肪の肉と
かさまし食材で低カロリーに

馬肉や鹿肉、鶏肉＋砂肝など低脂肪の肉を選んで、カロリーダウン。豆腐やおから、モヤシなどかさましの食材もおすすめです。乾燥ショウガ粉は循環を促して代謝をアップしてくれるので、少量を毎日コツコツ与えてみて。

馬肉

鶏肉

鹿肉

砂肝

適度な運動も
忘れずに！

作り方

1 豆腐は一口大に切る。
   ピーマン、モヤシ、しめじ、
   もずくは細かく刻む。

2 鍋に水を沸騰させ、
   1と乾燥ショウガ粉を
   入れて3〜4分ほど煮る。

3 器に凍った馬肉を入れ、
   2をかけて解凍する
   （馬肉がすでに解凍してある場合は、
   2が冷めてからかける）。

4 粗熱が取れたら、
   手で混ぜれば完成。

太れず
やせている

やせすぎていて太れない場合、食べても
栄養をちゃんと吸収できていない可能性があります。
食物繊維などで腸内環境を整えるとともに、
赤の肉・魚類や炭水化物でがっしりした体作りを。

赤の肉・魚類多め

バランスよく健康的に太らせるためには、筋肉を作り、体を温める赤の肉・魚類をしっかり摂らせてあげましょう。あわせて適度な運動をすることで、がっちりとした体を作ることができます。

例えば…

牛肉、鹿肉、ラム肉、鴨肉、サケ、カツオ、ブリ、サバ　など

黄多め

やせすぎ解消には、腸内の動きを活性化し、食べた栄養をしっかり吸収できる環境を作ることが必須です。食物繊維の豊富な黄色の野菜を多めに取り入れて、胃腸のケアをしましょう。

例えば…

カボチャ、
サツマイモ、
納豆　など

材料 （体重約10kg、1日2食の場合の1食分）

●水 … 250mℓ

緑 5%

●ブロッコリー
　スプラウト
　… 2g（約20本）

白 5%

●おかゆ … 大さじ1

赤の肉・魚類 50%

●サケ … 120g（約1と1/2切れ）
➡もしくはフード

黄 40%

●サツマイモ
　… 40g（約1/6個）
●ひきわり納豆 … 小さじ1

●プロバイオティクス

その他のポイント

少量の炭水化物で
吸収力をアップ

炭水化物を加えることで、脂肪を蓄えるインスリンが分泌されます。消化に優しいドロドロのおかゆや煮込んだうどんなどを、ほんの少し追加してみて。プロバイオティクスのサプリで腸内環境を整えるのも選択肢の一つ。

おかゆ

うどん

やせすぎも
よくないって

作り方

1 サケ、サツマイモは
一口大に切る。

2 鍋に水を沸騰させ、
1を入れて5〜6分ほど煮る。

3 器に移して粗熱を取り、
おかゆ、ブロッコリー
スプラウト、
プロバイオティクスを加えて、
手で混ぜる。
最後にひきわり納豆をのせて完成。

※おかゆはまとめて作り、冷めたら製氷皿などに小分けして、冷凍保存しておくと便利。鍋に米1/2合と水600〜800mℓを入れ、ふたを少しずらして30分ほど弱火で煮れば完成。炊飯器のおかゆモードでもOK。

草ばかり食べる

心身ともに健康な犬は、あまり草を食べないものです。
犬が草を食べたがる原因は、ストレス、胃腸の不調など
いくつか考えられますが、
まずは胃酸の分泌を整えてあげることが大切です。

白多め

白の食材に含まれる食物酵素が、胃腸の機能を高め、胃酸の分泌量を適量に調節してくれます。

例えば…

大根、ヤマイモ、甘酒、ショウガ（生）など

緑多め

たんぱく質の分解に長ける酵素が豊富で、胃酸の分泌を促す緑の野菜を、積極的に取り入れましょう。

例えば…

キャベツ、パパイヤ、キウイフルーツ など

+

A 草なら何でも食べる場合

➡ **茶・黒をプラス**

どんな草でも選ばずに食べている場合は、胃酸過多の可能性が考えられます。胃酸の分泌を抑え中和する黒の食材をプラス。

B とんがった草ばかり食べる場合

➡ **緑をプラス**

とんがったイネ科の草ばかり選んで食べている場合は、胃酸不足で胃が渇いていることも。胃酸の分泌を促進する緑の食材をプラスして。

材料 （体重約10kg、1日2食の場合の1食分）

● 水 … 250mℓ

緑 35%

● キャベツ … 50g（約2枚）
● キウイフルーツ … 40g（約1/2個）

赤の肉・魚類 50%

● 豚赤身挽き肉 … 110g
➡ もしくはフード

白 15%

● 大根
… 70g（約2cm）

A 茶・黒

● 昆布
… 約2×2cm
● まいたけ
… 15g（約1/9パック）

B 緑

● 大葉 … 1枚

+a

● 梅干し
… 小指の爪

その他のポイント

胃の調子が悪いときに
控えたほうがいい食べ物は

交感神経が強く働くと胃酸分泌は減少し、副交感神経の
働きが強まると胃酸分泌は増加します。いずれの場合も、
胃の調子が悪いときはゴボウ、レンコン、オクラ、サツ
マイモ、赤身魚、海藻類、大豆などは控えましょう。

ゴボウ

サツマイモ

赤身魚

海藻

どっちも
おいしそう！

A

B

作り方

1 豚赤身挽き肉は2cmぐらいの
ボール状に丸める。
キウイフルーツは一口大に切る。
キャベツは細かく刻む。

2 鍋に水を入れて沸騰させ、1の豚赤身挽き肉と
キャベツを入れて、5～6分ほどゆでる。

A の場合

3 まいたけ、昆布を加えて、さらに2～3分ほど煮る。

4 器に移して粗熱を取り、昆布を取り出す。
1のキウイフルーツを加えて、大根をすり入れ、手で混ぜれば完成。

B の場合

3 2を器に移して粗熱を取り、1のキウイフルーツと刻んだ大葉、
梅干しを加えて、大根をすり入れ、手で混ぜれば完成。

ウンチが ゆるい

季節の変わり目や食べすぎ、ストレスなど
軟便や下痢の原因はさまざまです。
水分をしっかり与えつつ、腸のケアをしましょう。
ひどい下痢が続く場合は動物病院へ。

白多め

軟便や下痢にはさまざまな原因がありますが、いずれにしろ腸粘膜を保護することが大切です。消化吸収がよく、腸粘膜を整える効果が期待できる白の食材を、積極的に取り入れましょう。

例えば…
ヨーグルト、バナナ、
本くず粉、豆腐、リンゴ、
ジャガイモ　など

黄多め

黄色の肉・魚類やその他の食材は、胃腸に優しく、傷ついた腸粘膜を修復するものが多いと言われます。特にリンゴ酢は、胃腸の弱い犬にはトッピングとして日々少量ずつ取り入れてほしい食品です。

例えば…
卵、鶏サラミ、
リンゴ酢　など

材料 （体重約10kg、
1日2食の場合の1食分）

●水 … 250㎖

黄の肉・魚類 60%

●鶏ササミ … 100g（約2本）
●卵 … 1個
➡もしくはフード

白 35%

●リンゴ
　… 50g（約1/4個）
●本くず粉 … 大さじ1

黄 5%

●リンゴ酢 … 小さじ1

脂肪の多い肉・魚や腸内で発酵しやすい野菜は控える

粘膜便や少し下痢気味のときには、できるだけ消化に優しい食材を選び、消化しやすい状態で与えましょう。脂肪分の多い肉や魚、腸内で発酵しやすい野菜は2〜3日控え、消化吸収の悪い海藻類、玄米は与えないように。

 玄米

 消化の悪い海藻類

脂肪分の多い肉・魚

腸内で発酵しやすい野菜
（キャベツ、サツマイモ、豆類）

おじやと似てるね

作り方

1 卵は溶いておく。
リンゴはすり下ろす。

2 鍋に水を沸騰させ、
鶏ササミを入れて
5〜6分ほど煮る。

3 2に1を加えて、
さらに3分ほど煮てよく火を通す。

4 煮汁を鍋に少し残して、器に移す。
本くず粉を同量の水（分量外）で溶いて、
沸騰した煮汁に入れ、手早く混ぜ練る。

5 4も器に移して粗熱を取り、リンゴ酢を加えて、
手で混ぜれば完成。

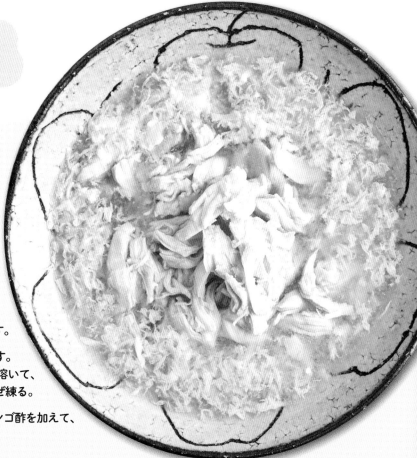

ウンチが硬くポロポロ

便秘気味やウンチが硬いときには
体の水分も少なく、腸内も乾き気味になっています。
便秘が続くと悪玉菌が増え、腸内環境が悪化します。
適度な水分と食物繊維で、しっとりウンチに！

茶・黒多め

水に溶けず、水分を吸収して膨らむ不溶性の食物繊維は、少ない水分でも便のカサを増やして腸の働きを刺激し、便通を促してくれます。不溶性食物繊維の多いきのこ類など、茶色の食材を多めに。

例えば…

しいたけ、まいたけ、しめじ、エリンギ、マッシュルーム、きくらげ、ゴボウ など

緑多め

緑の食材にも、腸を刺激して便を出やすくしてくれる不溶性の食物繊維の豊富な野菜が多くあります。ごはんに多めに取り入れて、するすると便が出るようにしてあげてください。

例えば…

オクラ、ソラマメ、ほうれん草、春菊、ブロッコリー、ゴーヤ、小松菜、アスパラガス、ピーマン など

材料

（体重約10kg、
　1日2食の場合の1食分）

●水 … 250㎖

茶・黒 **20%**

●ゴボウ … 20g（約4cm）
●きくらげ … 10g（小1枚）

+α

●カツオ節 … ひとつまみ

緑 **30%**

●エダマメ … 20g（約7房）
●オクラ … 10g（約1本）
●ほうれん草 … 6g（約2枚）

白の肉・魚類 **50%**

●サメ … 120g
➡ない場合は
　タラ、カジキマグロ
➡もしくはフード

その他のポイント

ネバネバのムチンで
腸粘膜を潤して

ウンチが硬めの場合には、ネバネバした食材を日々取り入れて、腸の粘膜を潤してあげることも有効です。粘膜を保護して補修し、保水力をアップする効果が期待できるムチンを多く含む食材を毎日のごはんに取り入れて。

オクラ

納豆

ヤマイモ

めかぶ

潤いって
大事なんだね

作り方

1 サメは一口大に切る。
きくらげ、ほうれん草、
オクラは細かく刻む
（シュウ酸カルシウム結石の既往歴のある犬は
ほうれん草を避けるか、下ゆでする）。
エダマメは房から出しておく。
ゴボウはすり下ろす。

2 鍋に水を沸騰させ、**1**のサメ、
きくらげ、ほうれん草、エダマメ、
ゴボウを入れて5〜6分ほど煮る。

3 **2**にオクラを加えて、さっと火を通す。

4 器に移して粗熱を取り、
カツオ節を加えて、手で混ぜれば完成。

色別おすすめ食材事典

5色の食材の中から、犬ごはんに用いやすく、栄養豊富でおすすめの食材を紹介します。ローテーションで取り入れて！

赤の食材

血を補ってくれる赤の動物性たんぱく質は、やせすぎの子は多めに取り入れてほしい食材。また、赤の野菜に多く含まれる赤色色素には抗酸化作用の高いものが多いです。特に夏は赤の食材を多めに！

肉・魚類
牛肉

モモ、肩、ヒレは脂肪が少なめ

モモや肩は脂肪が少なく、ビタミンも豊富。ヒレは高たんぱく低脂肪で、鉄分やビタミンも豊富なので貧血予防などにおすすめ。

肉・魚類
馬肉

高たんぱくで高齢犬にも◎

高たんぱく、低脂肪、低カロリー。必須脂肪酸のリノール酸やαリノレン酸、オレイン酸もバランスよく含み、低アレルギー。

肉・魚類
鹿肉

鉄分豊富で貧血予防にも

高たんぱく、低脂肪、低カロリー。特に鉄分が豊富で貧血、高血圧の予防にもおすすめ。銅も多く、活性酸素の除去も期待できます。

肉・魚類
レバー

肝臓ケアに週1回程度与えたい

脂肪が少なく、ビタミンとミネラルが豊富で、肝臓をサポート。ただし、与えすぎるとビタミンAの過剰摂取になるので週1回程度に。

肉・魚類
マグロ

赤身は良質なたんぱく質源

貧血予防の鉄分、血行改善のビタミンE、コレステロールの代謝促進のタウリン、いずれもバランスよく豊富に含まれています。

肉・魚類
サケ

抗酸化作用の高い秋が旬の魚

赤い色素のアスタキサンチンは、ビタミンCと比べて6000倍もの強力な抗酸化作用があり、がん予防の効果も期待されます。

肉・魚類
カツオ

貧血予防ならこの魚

ビタミンB_{12}と鉄分は魚類でトップの含有量で、貧血予防と造血作用が期待できます。肝臓の機能をアップするタウリンも豊富。

その他に
こんな食材も ┊ 鴨肉、サバ、赤ピーマン、赤キャベツ、赤カブ、
ルバーブ、ビーツ、クランベリー、モモ、スモモ、なつめ

野菜
スイカ

**熱中症対策の
水分補給に**

カリウムと水分が豊富なスイカは、暑い夏の熱中症対策に最適。利尿作用が高く、余分な水分を排出してくれます。

野菜
トマト

**抗酸化作用の高い
リコピンが豊富**

医者いらずと言われるほど栄養豊富。軽く火を通して与えましょう。まれに種に反応して下痢をする犬がいるので心配なら種を除いて。

野菜
パプリカ

**中性脂肪が多めの
犬におすすめ**

ビタミンA、C、Eが豊富。抗酸化作用の高い赤色色素のカプサンチンも。くるみや植物オイルと合わせると、抗酸化作用がアップ。

赤ってなんか
元気が出るね！

果物
イチゴ

**生で与えて
ビタミンC補給**

春のおやつに最適。生で与えて、感染症予防や免疫力を高める効果が期待できるビタミンCを補給。慢性疾患の予防にも。

+α
桜エビ

**カルシウム豊富な
トッピング**

カルシウムが不足しがちな完全手作りごはんの場合は特に、たまにごはんにふりかけて。他にも、ビタミンやキトサンなど栄養豊富。

+α
くこの実

**抗がん剤治療中に
特におすすめ**

抗がん剤の毒性を軽減させ、造血や白血球数の向上を促進させると証明されています。滋養強壮、疲労回復、肝臓、腎臓、肺ケアにも。

+α
あずき

**亜鉛で
有害物質を排出**

腎臓サポートに。フードにかけて与えられるあずき粉が便利な他、煮込んでペーストにしても◎。カリウム制限されている犬は控えて。

黄の食材

黄色の食材には、食物繊維が豊富だったりと、胃腸に優しいものが多くあります。黄色の色素には、疲れや痛みを和らげる作用が期待できるものも。梅雨や秋雨の季節など、湿気の多い時期に多めに。

肉・魚類
卵

肝臓サポートや病後の体力回復に

「皮膚のビタミン」＝ビオチンが豊富。良質なたんぱく源で、肝機能サポートや病後の体力回復にも。胃腸ケアには半熟調理がおすすめ。

大豆製品
納豆

栄養豊富なスーパーフード

たんぱく質分解酵素、ナットウキナーゼは血栓を予防し血液サラサラ効果が期待できます。他にも、整腸や免疫力アップなど。

大豆製品
おから

豊富な食物繊維が腸を活発に

食物繊維がゴボウの2倍で、腸を活発にしてくれます。ダイエット時のかさましにも。必ず加熱して与えて。結石の犬にはNG。

穀類
オートミール

腸内環境を整え大腸がんを抑制

オーツ麦を乾燥させてつぶしたもので食物繊維とミネラルの宝庫。ひたひたの水やスープ、豆乳に入れてレンジで3～5分加熱して。

野菜
カボチャ

抗酸化作用の強いビタミン豊富

収穫したてよりも、熟したほうがβカロテンが豊富に。油と一緒に炒めると吸収率が上がる。皮ごと使えば通便にも効果的。

野菜
ニンジン

日々与えたい抗酸化食品

特に皮のすぐ下にβカロテンが多く含まれるので、皮ごとすり下ろしてさっと火を通して。いつものごはんにトッピングして与えて。

野菜
トウモロコシ

豊富な食物繊維が腸を活性化

食物繊維が豊富で、腸を活発に。消化されずに出てくることが多いのでペースト状にするのがおすすめ。ヒゲは利尿効果がとても高い。

ビタミンで
抗酸化も！

野菜
サツマイモ

**ダイエット中の
おやつに**

ビタミンの宝庫。腸の中で水分を
含んで膨らむので、満腹感があっ
て腹持ちがいい。与えすぎはカロ
リー過多になるので要注意。

野菜
レモン

**疲労回復と
病気の予防に**

豊富なビタミンは血管を丈夫にし、
細胞のコラーゲン生成を促進する
と言われています。また、鉄分の
吸収率をアップする働きも。

果物
パイナップル

**ハードな運動や
お出かけ後に**

たんぱく質を分解するプロメライ
ンが豊富で、肉類と一緒に摂ると
消化を助けてくれます。クエン酸
も豊富で、疲労物質の乳酸を排除。

果物
オレンジ

**気持ちと体を
すっきり流す**

胃の働きを整え、肺や喉を潤して
くれます。香りには気の巡りをよ
くする効果も期待できます。抗酸
化作用の高いビタミンCも豊富。

+α
ショウガ

**乾燥させたものは
体を温める効果が**

乾燥させ粉末にした乾燥ショウガ
粉を耳かき1杯程度加えると、体
を温める作用が期待できます。寒
い季節やエアコンによる冷えに。

+α
チーズ

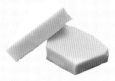

**空咳が出る犬に
おすすめ**

ナチュラルチーズには乳酸菌や生
きた酵素が含まれます。火を通さ
ず与えると消化に優しく、嗜好性
も高い。塩分や脂質過多に注意。

+α
リンゴ酢

**下痢や便秘を
繰り返すときに**

腸内環境を整える食物繊維と酢酸
が悪玉菌を減らしてくれます。さ
らに、善玉菌を多く含み、腸を刺
激することで便秘解消にも。

その他に
こんな食材も

味噌、高野豆腐、アマランサス、黄色ピーマン、キンカン、
黄色トマト、栗、グレープフルーツ、ミカン、梨、ターメリック、
菊花、陳皮、ハチミツ

白の食材

米や小麦食品、乳製品、野菜などの白の食材は、体を潤し乾燥を防ぎ、滞りがちな血流や気の流れを整えてくれます。白の穀類は、エネルギーを蓄えるのにも役立ちます。秋に多めに摂りたい食材。

穀類
白米

気持ちを鎮めてくれる

脳の栄養となる糖質を多く含み、保水力にも優れています。犬は炭水化物の消化が得意ではないので与えすぎに注意。おかゆにして。

穀類
うどん

落ち着きのない犬におすすめ

小麦粉から作られるうどんは、熱を取り除き、精神を安定させてくれると言われます。暑い夏や夏の終わり、常に落ち着きのない犬に。

肉・魚類
鶏肉

ササミは筋力作りに◎

胸肉は粘膜や皮膚を健康に保つナイアシンが豊富。ササミは高たんぱく低カロリー。皮や手羽肉はコラーゲンやグルコサミンが豊富。

肉・魚類
豚肉

疲労回復や貧血予防に

モモや肩は脂肪が少なく、ビタミンB₁を多く含み、疲労回復に。ヒレは鉄分が多く、貧血の予防や体力の強化に。必ず火を通して。

肉・魚類
タラ

胃腸機能が低下しているときに

旬は冬。脂肪が少なく低カロリーで、繊維たんぱくが多いので、加熱しても硬くならず消化に優しい。骨はかなり硬いので取り除いて。

肉・魚類
シラス

栄養豊富なトッピングとして

イワシの稚魚で、EPAやDHAを多く含み、良質なたんぱく質源でもあります。完全手作りごはんの場合、塩分補給にもおすすめ。

大豆製品
豆腐

肥満の犬へのかさましにも

必須ミネラルは木綿のほうが、ビタミン類は絹ごしのほうが豊富。必ず加熱して少量ずつ与えて。ストルバイト結石の犬にはNG。

その他にこんな食材も： パン、そうめん、大麦、スズキ、豆乳、ゴボウ、カリフラワー、サトイモ、レンコン、トウガン、カブ、キクイモ、ヤマイモ、バナナ、本くず粉、片栗粉、白きくらげ、えのきだけ、ハスの実、寒天

野菜
大根

胃腸の働きを整える「自然の消化剤」

胃腸の働きを整える食物酵素が多く、「自然の消化剤」と呼ばれます。特に根の先端に酵素が多め。すり下ろして生か、加熱して。

野菜
ジャガイモ

ビタミンCがたっぷり

「畑のリンゴ」と呼ばれるほどビタミンCが豊富で、でんぷん質で覆われているため加熱しても損失しにくいのが特徴。しっかりゆでて。

野菜
ハクサイ

がん予防の効果が期待される

がん予防効果が期待されるアブラナ科。カリウム豊富で利尿効果も。必ず火を通し、ゆでると栄養素が流出するのでゆで汁ごと与えて。

野菜
モヤシ

安価でかさましに便利

利尿を促進する野菜。安価なので、ダイエット時のかさましにも有効です。細かく刻んで、さっと火を通して与えて。

果物
リンゴ

腸粘膜を保護する「腸の薬」

特に皮に食物繊維のペクチンが多く、腸粘膜の保護や老廃物の排出をしてくれます。加熱すると栄養価が上がるので焼いたり煮たりして。

＋α
ヨーグルト

腸を整える効果が期待できる

牛乳を発酵させたもので、腸を整える効果が期待できます。朝起きて胃液や胆汁を吐く犬には、寝る前にヨーグルトを少し与えてみて。

＋α
白ごま

皮膚が乾燥気味、便秘気味の犬に

犬にも必要な不飽和脂肪酸(リノール酸やオレイン酸)を多く含みます。加熱すると抗酸化力が上がるので、炒ったものがおすすめ。

地味でも
大事な食材ばかり

茶・黒 の食材

食物繊維やビタミン、ミネラルが豊富な海藻やきのこ類など、茶・黒の食材には腎を整え、生命力と免疫力を高める作用が高いと言われています。腎臓が冷えがちな冬に多めに取り入れましょう。

穀類
蕎麦

消化不良で不調のときに

抗酸化作用の高いルチンが豊富。低脂質で、ビタミンB群は白米よりも多い。下痢をしたときの炭水化物源としておすすめです。

肉・魚類
牡蠣

栄養価の高い「海のミルク」

抗酸化作用、免疫力向上、代謝アップ、脳機能アップなどの効果が期待できる亜鉛の含有量が、全食品中トップ。旬の間に数回入れて。

肉・魚類
しじみ

肝臓ケアに日々取り入れて

豊富なオルニチンは、肝機能の保護や解毒を促進。造血には欠かせないビタミンB₁₂も。デイリーケアにしじみ汁を取り入れて。

きのこ
しめじ

免疫力をアップしがん予防にも

アミノ酸をバランスよく含み、たんぱく質の吸収と糖質の代謝を促進。組織の修復や成長を助けます。がん予防に効果的なレクチンも。

きのこ
マッシュルーム

皮膚や腸の炎症を抑制

ビタミンB₅が豊富で、皮膚や粘膜保護の効果があり、皮膚の炎症や、下痢による腸の炎症を抑制する効果が期待されます。消臭作用も。

海藻
ひじき

健康長寿のために取り入れたい

食物繊維やミネラルが豊富で、健康長寿に週1回は取り入れたい食品。鉄釜で煮ると、さらに鉄分が豊富になります。

海藻
めかぶ

ネバネバムチンが粘膜保護に

ネバネバ成分であるムチンが粘膜を保護。海藻のぬめり成分であるアルギン酸は、胃腸の調子を整える効果が期待できます。

その他にこんな食材も　黒米、黒豆、もずく、きくらげ、麻炭、黒酢、シナモン、黒糖

きのこ
まいたけ

がんと闘っている
犬に日々与えたい

まいたけのβグルカンはMDフラク
ションと言い、免疫機能を活性化。
腫瘍の増殖を防ぎ、ガンの転移を
抑制する効果が認められています。

きのこ
しいたけ

抗がんや
老化防止などに

抗がん剤にも使用されるレンチナ
ンや、抗ウイルス物質のβグルカ
ン、さらに老化防止のグルタミン
酸など、期待される作用が多い。

きのこや海藻って
ヘルシー！

海藻
昆布

昆布水として
日々のごはんに

豊富なカリウムは水分バランスを
整え、グルタミン酸は脳を活性化
しストレスを緩和、アルギニン酸
は腸内の善玉菌を増やします。

海藻
のり

栄養豊富な
「海の野菜」

βカロテンはニンジンの3倍、鉄分
はほうれん草の30倍、食物繊維
はゴボウの7倍。食物繊維が野菜
より軟らかく胃腸への負担が少ない。

果物
ブルーベリー

アントシアニンで
目のケアを

目の健康維持に欠かせないアント
シアニンがたっぷり。ビタミンE
は脂質と一緒に摂ると吸収率が
アップ。ヨーグルトなどと一緒に。

+α
黒ごま

被毛が
パサつくときに

アントシアニンやゴマリグナンの
抗酸化成分が活性酸素の働きを抑
制。肝機能が少し落ち気味のとき
や脂質の多い食事が続くときに。

緑 の 食材

野菜や果物などの緑の食材は、ビタミンやミネラル、食物繊維の豊富なものが多数。デトックス効果が高く、元気を回復させたり、気持ちを落ち着かせる効果も期待できます。毒出ししたい春に多めに。

野菜 小松菜

カルシウム補給にも

カルシウムが豊富。きのこ類と合わせると、さらにカルシウムの吸収率がアップします。軽くゆでて、汁ごと与えて。

野菜 セロリ

精神を落ち着かせる効果のある香り

独特の香りの素となるセネリンは不安定な精神やイライラを抑制。ピラジンには、血液をサラサラにする作用が期待されます。

野菜 ブロッコリー

ビタミン、ミネラル豊富なマルチな野菜

ビタミンCをはじめとしたビタミン類やカルシウム、鉄分も豊富な、マルチな野菜。茎の部分にも甘み成分が多いので、一緒に与えて。

野菜 ピーマン

ビタミンA、Cで夏バテ回復

血液サラサラ効果が期待されるピラジンも豊富。細かく刻んで、さっと湯通しして与えて。消化の弱い犬にはしっかり煮込んでから。

野菜 キュウリ

カリウムで腎臓サポート

利尿作用のあるカリウムが豊富で、腎臓をサポート。皮のククルビタシンには腫瘍を壊す因子が含まれます。すり下ろして生で与えて。

野菜 キャベツ

胃が弱っているときに

ニンニクに次ぐがん予防効果があるとされる野菜。ビタミンUが胃の粘膜保護も。生なら細かく刻んで。ゆでる場合はゆで汁ごと与えて。

野菜 レタス

生のまま入れてビタミン補給に

ビタミン、ミネラル、食物繊維などをバランスよく含みます。細かく刻んで、生のままつゆだくごはんに入れてもOK。

その他にこんな食材も ほうれん草、モロヘイヤ、春菊、菜の花、絹さや、クレソン、チンゲン菜、サヤインゲン、エダマメ、ズッキーニ、青リンゴ、洋梨、ライム、メロン、ミント、バジル、緑豆

野菜
アスパラガス

疲労回復や
スタミナ強化に

アスパラギン酸には疲労回復やスタミナ強化、利尿を促進する働きがあり、特に穂先は栄養価が高め。加熱は短めにしましょう。

野菜
スプラウト

生命力に満ちた
植物の芽

ブロッコリースプラウトには、がん予防に効果が期待できるスルフォラファンが豊富。ビタミンや酵素もブロッコリーより多い。

野菜
ゴーヤ

夏の元気の素になる
ビタミンCたっぷり

ビタミンCとカリウムが豊富な、夏には貴重な野菜。加熱は手早く行って。生でもお腹を壊さない犬には生で与えましょう。

野菜
大葉

ビタミンも
カリウムも豊富

栄養の宝庫。亜鉛や鉄などのミネラルも多く含むので、与えるときは少量に。1回につき小型犬は1/3枚、大型犬は1〜2枚程度に。

果物
キウイフルーツ

夏の朝の散歩後の
おやつに

通年並んでいますが、冬が旬。クエン酸やリンゴ酸がたっぷり含まれ、老化防止やがん抑制、疲労回復効果が期待されます。

+α
パセリ

鉄とカリウムの量は
野菜のトップクラス

圧倒的に栄養価の高い食材。ポットの苗をキッチンに置いておくと便利です。ひとつまみを刻んで、生のまま入れて。

+α
青のり

パラパラかけて
肝臓や腸のケアに

のりのビタミンCは熱に強く、抗酸化作用が期待できます。食物繊維も豊富で腸活にも。タウリンは解毒を助けて肝臓をサポート。

健康のために
野菜も大事!

サプリメント、あげたほうがいい？

「どんなサプリメントをあげたらいいですか？」「そろそろサプリメントをあげたほうがいいですか？」と聞かれることがあります。何かの不安を埋めるように、たくさんのサプリメントを使っている飼い主さんもいらっしゃいます。また、一度使い始めたらなかなか止められないのも、サプリメントの宿命ですよね。犬のお店には多種多様なサプリメントがたくさん並んでいて、どれも体によさそうで、病気のリスクから守ってくれそうな気がします。

サプリメントのよし悪しの判断はとても難しいのですが、サプリメントとはあくまでも医薬品ではなく、食品の一部であって、食事で補えない成分や体内で作りにくい成分をサポートするものです。大きく分けると、2つのタイプがあります。

1. 食物や植物のみから作られているもの。
　　天然の栄養素や未知の栄養成分が期待できる。

2. 合成のサプリメント。化学的に造作された
　　栄養成分と天然成分を合成したもの。
　　目的を果たすために開発されている。

どちらのほうが効果があるかないかを断定することはできませんが、体に優しいか優しくないかは、食材を吟味するのと同じように選択したらいいのかなと思っています。

我が家では、若いうちはサプリメントは使いません。できる限り自己調整力を育て、維持してほしいので、よほどサポートしなげればならない疾患がない限り、積極的な使用はしません。

中年期に入り、ほんの少し老化を感じたら、五臓六腑を整える「まこもの発酵液」（あいな農園）や、抗酸化作用の高いビタミンCをローズヒップやくこの実で補います。また、うまくいかない箇所が出てきたら、そこをサポートするハーブや漢方を使います。例えば、下痢しやすい犬にはプロバイオティクスを、肝機能ならミルクシスルを、脳や心臓なら求心を。

老犬期に入り、全体的な体力の低下を感じたら、免疫機能をサポートする、馬のプラセンタやミトコンドリアなどで落ちすぎないように。年齢や症状に合わせて使い分けをすることが大事かなと思っています。

ごはんについてもう一歩深く

年齢による変化を感じたときや、病気というほどではないけれど体に不調を感じたときに、愛犬の状態に合わせて調整できるのが、手作りごはんの一番の魅力です。犬のごはんについて、もう一歩深く考えてみませんか？

年齢別 ごはんのポイント

子犬から老犬まで、ライフステージに合わせて
調整できるのは、手作りごはんのいいところ。
分量や回数、内容、形状など、
各年齢で意識したいポイントをまとめました。

幼犬期 （3カ月～1歳半ごろ）

必要な栄養素を効率よく吸収させる

　成長期の子犬には、いかに効率よく、必要な栄養素を吸収させるかがポイント。特に重要なのがたんぱく質で、その構成要素の一つであるアルギニンは成犬の約10倍必要と言われます。アルギニンは、成長ホルモンの合成を促進するアミノ酸の一つで、肉や卵、魚、大豆製品などに多く含まれます。子犬の食材選びのポイ

ントは、たんぱく質は肉や卵を中心に、野菜は旬のものを中心に、いろいろな食材を経験させて、慣れさせること。
　子犬のごはんを手作りにすることにはいろいろな意見もありますが、飼い主が不安なく楽しく与えられて、子犬が喜んで食べてくれることが、まずは大切なのではないでしょうか。

分量

成犬時の2倍～ 食べたいだけ

目標は、体重で換算したときに、成犬の「1日に与える肉・魚の摂取量の目安」（P.41参照）の2倍程度。生後半年ごろから少しずつ成犬と同じ量へと減らしていきましょう。

回数

1日3～5回に分けて こまめに

子犬は成犬よりも胃が小さいので、成犬よりも量を多く、回数を分けて与える必要があります。生後4カ月ごろまでは1日4～5回、半年ごろまでは3回に分けて、こまめに与えて。

肉は食べ応えある大きさに、
野菜は消化よくペーストにして

遊ぶとすぐ
お腹空いちゃうよ

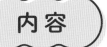

内容

肉：野菜
＝1：0.5〜1

生後4カ月ごろまでは「肉：野菜＝1：0.5」を目標に、生後6カ月以降は少しずつ「1：1」にしていきます。たんぱく質は肉類や卵を中心に、野菜は1品ずつローテーションして。

形状

野菜だけペースト状にして
消化よく

たんぱく質は成犬と同様一口大で、そしゃくする楽しみも与えてあげましょう。野菜はブレンダーでペーストにするなど、できるだけ消化よくしてあげて。

成犬期 （1歳半〜7歳ごろ）

多様な食材を ローーテーション で与える

　愛犬との暮らしが安定し、手作りごはんに慣れてくると、つい同じ食材ばかり使いがちになりますが、食材をローテーションすることは大切なポイント。すべての食材は何らかの作用を持っており、適量食べれば薬となり、過剰に食べれば毒となります。同じ食べ物を与え続けるとそのデメリットが蓄積されるので、手作りでもフードでもトッピングでも、ローテーションするのが基本です。

　また、一口に成犬期と言っても、1歳と7歳では体の状態や活動量などが変わってきます。一般的には年を取るごとに運動量が減ってくるので、たんぱく質量はキープしつつ、カロリーを減らし、野菜や糖質で調整するのが基本です。愛犬を毎日見ていると、少しずつの体の変化に気づきにくいものですが、犬は人間の5倍ほどのスピードで年を取っているので、できるだけ客観的に見られるよう、体に触れてメモしておきましょう。

分量

**運動量によって
調整を**

P.41の「1日に与える肉・魚の摂取量の目安」を基準にしつつ、避妊去勢していない場合や運動量が多い場合は1.1〜1.2倍に。体つきの変化を見て、太っていく場合は減らし、やせていく場合は増やしましょう。

回数

**1日2回が
基本**

成犬がたんぱく質を消化するのにかかる時間は12〜15時間と言われています。空腹時間が長いと胃液を吐く犬もいるので、1日2回を基本に、体調を見ながら調整しましょう。間食にヤギミルクなどで水分補給させるのもおすすめ。

肉・魚は食べ応えのある大きさ、
野菜は細かめに刻んで

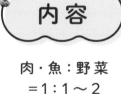

噛むことも
楽しいよね

内容

肉・魚：野菜
＝1：1〜2

見た目のかさで「肉・魚：野菜＝1：1〜2」
（P.40参照）が基本。手作りごはんを与え始めた
ばかりの場合、最初は野菜少なめから始めてみ
てください。運動量の多い犬は、炭水化物を少
量入れてもいいでしょう。

形状

消化できているなら
細かくしなくてＯＫ

肉や魚、カボチャやイモ類など手でつぶせる野
菜は一口大に、根菜はすり下ろして、その他の
野菜は細かく刻んで、いずれもよく煮るのが基
本です。ウンチで消化具合を確かめながら、調
整しましょう。

老犬期 （7〜10歳以上）

まだまだいっぱい
食べられるよ

抗酸化物質を増やし、カロリーを減らす

大型犬は7歳ごろ、中・小型犬は10歳ごろから、シニアと言われるライフステージに入ってきます。単純に年齢で老犬扱いする必要はありませんが、体調の変化や抱えている疾患によって、成犬期のごはんから足し引きして調整してあげましょう。

老化を促進させないためには、カボチャやニンジン、小松菜、ブロッコリー、ブルーベリー、キウイといった色鮮やかな野菜・果物など、活性酸素を除去する働きが期待できる抗酸化食品を多めに。また、足腰が弱ってくるため、鶏肉や豚肉・ラム肉の脂身、サメなど関節ケアのコラーゲンの豊富な食材も取り入れたいもの。

逆に、年を取ると運動量や代謝が落ちて太りやすくなるため、たんぱく質量は維持しつつ、カロリーは控えめにしましょう。ただし、腎臓に疾患がある場合は、たんぱく質の制限が必要なので注意して。

分量は変えず
カロリーを減らして

元気なうちは、P.41の「1日に与える肉・魚の摂取量の目安」を基準にして、運動量が落ちるにつれて減らしていき、ほぼ寝たきりの場合は約0.7倍に。要介護期になったら、1回の量にこだわらず食べられるときに食べさせて。

消化能力が衰えてきたら
回数を増やして

ごはんを残す、食後に口の中が白く貧血気味になったり、落ち着きなく歩き回ったりするといったようすが見られたら、食事量が負担になっていることも考えられます。体調に合わせて、1日3〜4回程度に分けて与えてみましょう。

飲み込みづらそうになったら
まとめてペーストに

内容

低カロリーの肉や
魚をチョイス

筋力の維持に必要な良質のたんぱく質をしっかり与えつつ、脂身を減らしてカロリーは控えめに。鶏胸肉や豚モモ肉、馬肉、鹿肉、魚など低カロリー低脂肪のたんぱく質を選びましょう。野菜やきのこ、海藻は便を見ながら量の増減を。

形状

ペーストにするなど
消化しやすく

立って食べられて、そしゃくにも問題がなければ、それほど細かくしなくてOK。そしゃくが衰えてきたら、よく火を通して、肉も野菜もまとめてブレンダーでペーストに。介助しながらシリンジで与える場合はほぼ液状にしましょう。

健康維持
レシピ

病気というほどではないけれど、
体に不調を感じ始めたら
食事でも予防的にケアしてみましょう。
まずは気になるサインが出ていないかチェックを。

免疫力を
キープ

免疫の約70％は腸で作られます。食べすぎや、消化に時間のかかるごはんが続くことで、腸は働き続けて免疫を作り出す時間が取れず、免疫力が低下しがちです。野菜は細かくし、消化時間の長い炭水化物は控えめに。

こんなときに与えたい

- ☐ 散歩の速度がゆっくりになってきたり、
  すぐ帰りたがるようになってきた
- ☐ 遊びをすぐにやめてしまうようになった
- ☐ 睡眠時間が長くなってきた
- ☐ 白毛が増えてきた

こんな食材がおすすめ！

活性酸素を除去し酸化を防止
ビタミンC

体をさびさせる活性酸素を除去してくれる、ビタミンCの豊富な野菜や果物を多めに取り入れましょう。体内でのビタミンCの合成機能は加齢とともに衰え、食材で摂ってもほぼその日中に排出されてしまいます。日々コツコツと与えることが大切です。

例えば…

ピーマン、ブロッコリー、カリフラワー、
ゴーヤ、サヤエンドウ、イチゴ、レモン
など野菜や果物

細胞をダメージから守る
ビタミンE

毛細血管を広げて血流をアップし、細胞膜をダメージから保護する働きが期待できるビタミンEも、あわせて摂りたい栄養素。単独摂取だと自ら酸化してしまうこともあるので、ビタミンCと一緒に摂ることで、吸収率がアップします。

例えば…

サケ、イワシ、アユ、ブリ、
くるみ、大葉、カボチャ、春菊、ほうれん草、
エダマメ、ごま　など

材料 （体重約10kg、1日2食の場合の1食分）

- ●水 … 250㎖
- ●大葉 … 1枚
- ●ブロッコリー … 25g（約1房）
- ●まいたけ … 15g

- ●豚モモ肉 … 110g
- ●豚レバー … 40g
- ●ニンジン … 20g（約2㎝）
- ●ジャガイモ … 50g（約1/2個）

免疫力キープは
健康の基本！

作り方

1　豚モモ肉、豚レバーは一口大に切る。
　　ブロッコリー、大葉は細かく刻む。

2　鍋に水を入れて沸騰させ、
　　1の豚モモ肉、豚レバーを入れて
　　3分ほどゆでる。

3　1のブロッコリー、
　　まいたけを加え、
　　ジャガイモをすり入れて、
　　さらに5分ほどよく煮る。

4　火を止めてニンジンをすり入れ、
　　粗熱を取る。器に移して、
　　1の大葉を加え、
　　手でよく混ぜれば完成。

血行を促進する

こんなときに与えたい

□ 朝起きたてに足の先端や耳が冷たい
□ 歯ぐきや舌が青白い
□ 朝ごはんが進まない
□ 寒がってよく震えている

血液には全身にくまなく酸素を届け、老廃物などの不要なゴミを回収する役割があります。血行が滞ると、新鮮な酸素を含んだ血液が各臓器に届かず、正常に働けなくなります。血行をよくし、血液が全身に潤沢に届くようにすることで、各臓器が活発に働けるのです。

こんな食材がおすすめ！

血液をサラサラにしてくれる
EPA

オメガ3系脂肪酸のEPA（＝エイコサペンタエン酸）は、犬も人間も体内では生成できず、食品から摂取する必要のある必須脂肪酸の一つ。青魚に豊富に含まれ、血液をサラサラにして免疫力を保ち、炎症を抑制する効果が期待できます。週に数回は魚ごはんのタイミングを作って、取り入れましょう。

例えば…

イワシ、サバ、
サンマ、アジなどの青魚

新陳代謝をアップ！
アルギン酸

アルギン酸とは、海藻に含まれるぬめり成分で、食物繊維の一種。余分なコレステロールを体外に排出する作用を持ち、血流をアップする効果が期待できます。また、腸内に溜まった不要な老廃物を体外へ排出する働きも持ち、腸内の環境を整える効果も。トッピングなどでうまく取り入れましょう。

例えば…

もずく、めかぶ、昆布、あかもく、
わかめ　など

材 料 （体重約10kg、1日2食の場合の1食分）

- ●水 … 250㎖
- ●オクラ … 10g（約2本）
- ●めかぶ … 大さじ1
- ●大根 … 70g （約3㎝）
- ●トマト … 70g（約中1個）
- ●サバ … 120g（約半身）
- ●ひきわり納豆 … 小さじ1

青魚で
ヘルシーごはん！

作 り 方

1 サバは一口大に切る。
 オクラ、種を外したトマトは、
 細かく刻む。

2 鍋に水を入れて沸騰させ、
 1のサバを入れて3分ほど
 ゆでる。

3 **2**に**1**のオクラ、
 トマトを加えて、
 さらに5分ほどよく煮る。

4 器に移して粗熱が取れたら、
 めかぶを加え、大根を
 すり入れて、手でよく混ぜる。
 最後にひきわり納豆をのせれば完成。

胃腸を整える

胃腸が弱ると、下痢や嘔吐などの症状が見られます。元気なときの下痢や嘔吐は単なるデトックスの場合もありますが、病気が隠れていることも。いずれにしても脂肪を控えて、胃腸に優しいごはんでケアしてあげましょう。ひどい下痢や嘔吐が続く場合は、病院へ。

こんなときに与えたい

- □ 下痢や嘔吐が頻繁
- □ 2〜3日ウンチが出ていない
- □ 結膜便が続いている
- □ 気圧の変化に敏感
- □ 草をよく食べる

胃腸が元気だと
ごはんが楽しい

こんな食材がおすすめ！

体の深部の冷えを改善
体を温める

下痢や嘔吐を起こしやすい場合は、体の深部に冷えが入り込んでいることが多いです。体温が1℃下がると免疫力が30％低下するとも言われ、その免疫の70％を腸で作っています。体を温める食材を取り入れて、冷えを改善することで、胃腸の調子も回復してくることがあります。

例えば…

乾燥ショウガ粉、シナモン、リンゴ酢、鶏肉、サケ、マグロ、カボチャ、カブ、大葉、バジル、パセリ　など

消化吸収を助ける
食物酵素

食べ物に含まれる食物酵素は、消化器で分泌される消化酵素と協力して食べ物を分解し、消化吸収を助けます。年を取ると消化酵素の分泌量が減少し、胃もたれや消化不良を起こしやすくなるので、食物酵素で消化をサポートしましょう。野菜や果物、発酵食品に多く含まれますが、熱に弱いので生で与えて。

例えば…

大根、カブ、ヤマイモ、青パパイヤ、オクラ、モロヘイヤ　など

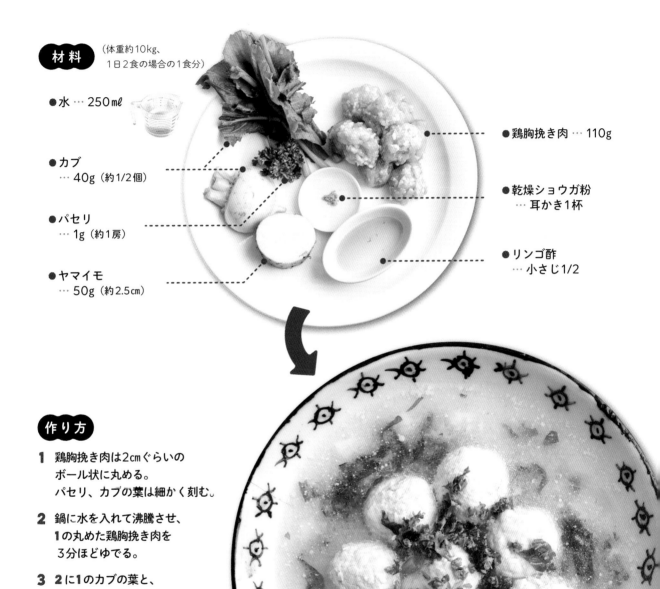

材料 （体重約10kg、1日2食の場合の1食分）

- 水 … 250㎖
- カブ … 40g（約1/2個）
- パセリ … 1g（約1房）
- ヤマイモ … 50g（約2.5cm）
- 鶏胸挽き肉 … 110g
- 乾燥ショウガ粉 … 耳かき1杯
- リンゴ酢 … 小さじ1/2

作り方

1 鶏胸挽き肉は2cmぐらいの
  ボール状に丸める。
  パセリ、カブの葉は細かく刻む。

2 鍋に水を入れて沸騰させ、
  1の丸めた鶏胸挽き肉を
  3分ほどゆでる。

3 2に1のカブの葉と、
  乾燥ショウガ粉を加え、
  カブとヤマイモをすり入れて、
  さらに5分ほどよく煮る。

4 器に移して粗熱が取れたら、
  1のパセリとリンゴ酢を加え、
  手でよく混ぜれば完成。

肝臓を ケアする

こんなときに与えたい

□ 太っている

□ 目やにが多い

□ 下痢や嘔吐が増えた

□ たまにかゆがる

肝臓さん
いつもありがとう

肝臓は多くの仕事をこなす、忙しい臓器です。胆汁を作る、栄養素を蓄えエネルギーに変える、毒を中和するなど、生きるために欠かせない仕事ばかり。一番の肝臓ケアは休みをあげる、つまり食べすぎないことです。さらに、肝臓のサポートになる食材を取り入れて。

こんな食材がおすすめ！

肝臓の解毒と
腎臓のろ過をサポート
苦味のある春野菜

特に山菜や春野菜に多く含まれる苦味の成分、植物性アルカロイドは、植物が自分自身を守るためのものと言われています。このアルカロイドはデトックスを促す働きがあり、肝臓の解毒作業と腎臓のろ過作業をサポートすることがわかっています。細かく刻み、肉や魚と一緒に煮込んで与えましょう。

例えば…

春菊、菜の花、アスパラガス、
春キャベツ、フキノトウ、
セロリ など

肝臓の仕事を減らす
低脂肪の食材

脂肪を分解するための胆汁を作るのも、肝臓の仕事の一つ。脂肪を多く含む食べ物を食べると、肝臓に負担がかかります。特に犬の主食である肉や魚は脂肪が多くなりがちなので、肝臓の仕事を減らすためにも、白身魚や鶏胸肉、豚モモ肉、馬肉など、低脂肪のものから選びましょう。

例えば…

タラ、カワハギ、カジキマグロ、サメなど
脂の少ない白身魚、鶏胸肉、
砂肝、豆腐、豆乳 など

- 水 … 250㎖

- アスパラガス
　… 20g（約1本）

- えのきだけ
　… 10g

- 豆腐 … 40g
　（約1/9丁）

- カジキマグロ
　… 110g

- 紫キャベツ
　… 40g（約2枚）

- レンコン
　… 20g（約1㎝）

作り方

1 カジキマグロ、豆腐は一口大に切る。
紫キャベツ、アスパラガス、
えのきだけは細かく刻む。

2 鍋に水を入れて沸騰させ、
1のカジキマグロを3分ほど
ゆでる。

3 **2**に**1**の紫キャベツ、
アスパラガス、えのきだけ、
豆腐を加えて、
レンコンをすり入れ、
さらに6分ほどよく煮る。

4 器に移して粗熱が取れたら、
手でよく混ぜれば完成。

どれも
おいしそうね

1週間のメニュー例

真似して！

1日ですべての栄養を取り入れようとするのではなく、
約1週間の中でバランスを整えるのは、人間の食事と同じ。
基本的に飼い主のごはんとの食材と合わせて準備すれば〇Kです。

※体重約10kgの成犬の場合

	朝	夜
月	鶏胸肉 90g、大根下ろし（生）、カボチャ、ブロッコリー、まいたけ、水 250㎖	鶏胸肉 90g、キャベツ、オクラ、ニンジン、納豆、水 250㎖
火	イワシ 約2尾、ゴボウ（すり下ろし）、ハクサイ、めかぶ、昆布水 250㎖	イワシ 約2尾、カボチャ、オクラ、豆腐（少々）、昆布水 250㎖
水	手羽元（生で骨ごと）約2本、卵1個、小松菜、しめじ、昆布水 250㎖	鶏ササミ 約2本、サツマイモ、ニンジン、スプラウト（生）、味噌（少々）、水 250㎖
木	豚モモ肉 90g、カブとその葉、ひじき、水 250㎖	豚モモ肉 60g、豚レバー 30g、セロリ、キュウリ、トマト、豆乳 50㎖、水 200㎖
金	サケ 120g、ジャガイモ、アスパラガス、もずく、すりごま、昆布水 250㎖	サケ 120g、ゴボウ（すり下ろし）、レタス、まいたけ、パセリ、昆布水 250㎖
土	ラム肉 100g、セロリ、オクラ、納豆、しじみ汁 250㎖	ラム肉 100g、キュウリ、ニンジン、めかぶ、しじみ汁 250㎖
日	おかゆ 100g、卵1個、パセリ、ヤマイモ（すり下ろし）、水 250㎖	鶏ササミ 約2本、ブロッコリー、しいたけ、レンコン（すり下ろし）、水 250㎖

簡単おやつを
作ってみよう

身近な食材でできる、超簡単おやつ。ヘルシーで、愛犬も喜んで食べてくれるので、作り出すとハマるはずです。「ごはんを手作りするのは大変そう」という人も、ぜひチャレンジしてみて！

冷蔵庫保存で
2〜3日

サツマイモの
ボーロ

サツマイモを蒸してつぶし、
丸めるだけでできる簡単ボーロ。
大好きな子の多い、サツマイモとヤギミルクだけで
できているので、食いつきはバツグン！

材料

- サツマイモ … 100g（約1/2本）
- ヤギミルク（粉末）… 10g

作り方

1 サツマイモはよく洗って、濡らしたキッチンペーパーの上からラップで包み、レンジで10分（または蒸し器で15分）ほど蒸す。

2 竹串がすっと通るまで蒸したら、皮ごとマッシュして適当な大きさに丸める。

3 2にヤギミルクを全体にまぶして、オーブントースターでカリッとするまで5分ほど焼けば完成。

おからの クッキー

豆腐専門店などで手ごろな値段で買える
おからを使った、財布にも優しいクッキー。
食物繊維が豊富で整腸作用も期待できます。
流して温めて季節の変わり目に備えて！

材料

- ● 生おから … 60g
- ● 米粉（もしくは薄力粉か強力粉）
  … 40g
- ● 黒すりごま … 10g
- ● 黒糖 … 5g（なくてもOK）
- ● 水（もしくは豆乳）… 約小さじ1

作り方

1 オーブンまたはトースターを
160℃に熱しておく。ビニー
ル袋に生おから、米粉、黒すり
ごま、黒糖を入れ、振り回して
よく混ぜる。

2 1に水（または豆乳）を固さに応
じて適宜加え、よく揉む。ビニー
ル袋ごと、厚さ約1〜1.5cmに
伸ばす。

3 2のビニール袋を切って開き、
好みの型で抜くか、適当な大き
さに切る。

4 天板にクッキングシートを敷き、
その上に3をのせて、オーブン
またはトースターで20〜25分
ほど焼けば完成。

冷蔵庫保存で
3〜4日

冷蔵庫保存で
2～3日

バナナ
サブレ

材料

- バナナ（熟したものがおすすめ）
  … 100g（約1本）
- オートミール … 大さじ3
- オリーブオイル
  （ココナッツオイルやヘンプオイルなど
  好みのオイルでOK）… 小さじ1
- シナモン … 少々

作り方

1 オーブンまたはトースターを
  170℃に熱しておく。バナ
  ナは皮をむいてボウルに入れ、
  フォークの背でつぶす。

2 1のボウルにオートミール、シ
  ナモン、オリーブオイルを加え
  て、よく混ぜる。

3 適当な大きさに丸め、手のひら
  かスプーンの背で平らにつぶす。

4 天板にクッキングシートを敷き、
  その上に3をのせて、オーブン
  またはトースターで20～25分
  ほど焼けば完成。

幸せホルモンと呼ばれるセロトニンの
材料として必要になるトリプトファン、ビタミンB$_6$、
炭水化物のすべてを含んでいるバナナ。
そんなバナナたっぷりの、簡単幸せサブレです。

桜エビの
せんべい

冷蔵庫保存で
3〜4日

材料

- ごはん … 120g（茶碗1杯弱）
- 桜エビ … 大さじ1
- 青のり … 小さじ1弱

作り方

1. ごはんは温めておくと作りやすい。フライパンにクッキングシートを敷いてごはんをのせ、さらにその上にクッキングシートを敷き、上から木べらなどで平らに広げる。

2. 上のクッキングシートをめくり、桜エビと青のりをちらして、クッキングシートを戻す。

3. 2のクッキングシートの上から、水を入れた耐熱ボウルや鍋で重しをして、中火で4〜5分、ひっくり返してまた重しをして3〜4分焼く。

4. 重しとクッキングシートを外し、さらにさっと焼いて焼き色を付ける。

5. 粗熱が取れたら、適当な大きさに切れば完成。

ごはんと桜エビ、青のりだけで作る
パリポリ香ばしいおせんべい。
桜エビたっぷりで、不足しがちなカルシウムを
しっかり補給しましょう！

冬に溜め込んだ不要なものを排出したい春に
解毒機能を持つ肝臓の働きを高める、イチゴ。
ヤギミルクと合わせてつぶすだけで、
水分補給になる簡単おやつの出来上がり！

春の イチゴミルク

材料

- イチゴ … 120g（約5〜6粒）
- ヤギミルク（粉末の場合はぬるま湯で溶いたもの。もしくは豆乳や甘酒を2倍程度の水で薄めたもの）… 150cc

作り方

1 ボウルにイチゴとヤギミルクを入れて、ブレンダーで（ブレンダーがなければ、フォークの背でイチゴをつぶしながら）混ぜれば完成。

それ早く
ちょうだい！

冷蔵庫保存で
1〜2日

夏の寒天 ボンボン

冷蔵庫保存で
2〜3日

材料

- 水 … 300mℓ
- スイカ、キウイフルーツ、ブルーベリーなど … 適宜
- 鶏ササミ … 50g（約1本）
- 棒寒天 … 4g（約1/2本）
- レモン汁 … 少々

作り方

1 棒寒天は水（分量外）に浸けておく。スイカやキウイフルーツは小さめに切る。

2 鍋に水を沸騰させ、鶏ササミを入れて5分ほどゆでる。火が通ったら鶏ササミを取り出し、手で細かく裂いて、鍋に戻す。

3 2の鍋を再度火にかけて沸騰したら、1の棒寒天を絞り、鍋にちぎり入れる。2分ほどよく煮溶かしたら、火を止めて粗熱を取る。

4 おちょこか小椀にラップを敷いて、1のスイカやキウイフルーツ、ブルーベリーなどと3を適量入れ、レモン汁を1〜2滴加える。ラップを巾着型に絞り、輪ゴムやビニタイなどで止めて、冷まし固めれば完成。

愛犬の好きなフルーツや肉を入れて
寒天で固めるだけの、
熱中症予防にもおすすめの寒天ボンボン。
肉なしで、フルーツだけで作ってもOK！

秋の 焼きリンゴ

材料

- リンゴ
  … 100〜200g（約1/2〜1個）
- くるみ（あれば）… 1〜2個
- シナモン … 少々
- バター（好みのオイルでもOK）
  … ごく少量

作り方

1 リンゴの表面を重曹や塩でよく
  洗い、皮ごと薄切りにして、芯
  を取る。くるみは細かくつぶす。

2 フライパン（もしくはスキレット）
  にバターをひいて熱し、1のリ
  ンゴを両面に焼き色が付くまで
  中火で焼く。

3 1のくるみとシナモンを振り入
  れれば完成。

「医者いらず」とも言われ、整腸作用も高いリンゴ。
リンゴに豊富に含まれるペクチンは、加熱すると
さらに活発になり、善玉菌のエサになったり、
腸壁を保護したりしてくれます。

このにおい
たまらん！

冬のレンコン まんじゅう

常温保存で
2〜3日

材料

- レンコン … 100g（約5cm）
- 本くず粉（もしくは片栗粉）
  … 小さじ1
- カツオ節 … ひとつまみ〜
- 乾燥ショウガ粉
  （あれば。もしくは生のすり下ろし）
  … 耳かき1杯弱
- ごま油 … 適宜

作り方

1　レンコンをよく洗って生のまま
　　すり下ろし、ザルにあげて水気
　　を切る。

2　ボウルに1と本くず粉、カツオ
　　節、乾燥ショウガ粉を入れて全
　　体をよく混ぜ、適当な大きさに
　　丸める。

3　フライパンにごま油をひいて熱
　　し、2を転がしながら4〜5分
　　焼いて、冷ませば完成。

乾燥しやすい冬には、
おやつにも潤いの食材を使うのがおすすめ。
気管の粘膜保護効果が期待できるレンコンで
香ばしいまんじゅうを作りましょう！

「楽しい」が一番!

ごはん作り。毎日でなくても、たまにしかできなくても、作っているとき、食べているときに「楽しい」があるだけで、幸せな気持ちになります。

最近はとても便利な世の中で、人間のごはんも忙しいときはコンビニに行けば和洋中それなりに選べるし、簡単に調理できるものもいろいろあります。もちろん犬用でも、手作り風のごはんの冷凍品や缶詰、レトルトなど、選択肢はとても多くなりました。ときには便利な出来合いのもののほうが食いつきがよかったりして、がっかりすることもあるかもしれません。でも、飼い主さんが作ってくれるごはんより、愛情たっぷりのごはんは存在しないと思うのです。

昨年、私の7頭目の愛犬として、まぁまぁ歳を重ねた犬がやってきました。おじいちゃんに飼われていた、10歳ぐらいの雑種犬、タオです。

我が家に来て3日ほどは、ハンスト。これまでカリカリのごはんだったようで、ぐちょぐちょのごはんなんて口

にするのも嫌なようすで、見向きもしませんでした。それでも常に体を触り、なで、なでた手でごはんを作り、を繰り返しているうちに、「あれ? 意外とおいしいかも?」から始まり、今やごはんのときは走って持ち場へ行き、器の側面までなめ尽くすほどに。食べてくれるだけで嬉しいもので、「次は何を試してみようかな」とワクワクしながら、あれこれいろんな食材を試した1年でした。

よく朝ごはんの食卓で「今日の夜ごはんは何にする?」なんて会話することがありますよね。そんな感じで、タオに朝ごはんをあげながら「夜ごはんはお魚にする?」なんて相談を持ちかけるのは、朝の楽しみだったりします。きっとそんなワクワクが、タオが夜ごはんを待ち遠しく思ってくれるきっかけの一つになっているのではと思っています。

飼い主さんの「楽しい」は、愛犬も同じ気分を共有しているもの。そしてその「楽しい」は、大きな栄養となって、愛犬の心と体に届いているに違いないと感じています。

健康チェックで
ごはんを
見直そう

ごはんの量や内容、栄養バランスなどが合っているかは、愛犬の状態を見ることがいちばん。愛犬の健康状態はウンチやオシッコ、被毛、体臭、冷えなどからチェックできます。見るべきポイントを知っておきましょう。

食べたものの 答え合わせはウンチで!

ウンチは食べ物によって形状や色、においなどが違ってきます。右ページのように異常なウンチが出ても、1日で元に戻り、元気と食欲があるようなら問題はありません。下痢の場合は、1日絶食して水をしっかり飲ませましょう。もし異常が2〜3日続き、しかも体調が悪そうなら、ウンチを持って病院へ。

腸が正常に働き活発に消化吸収するのは、副交感神経が働いているとき。副交感神経は、無意識でリラックスしているときに優位に働き、逆に緊張したり不安があったりストレスを感じたりしているときは、働きが弱くなります。副交感神経を優位に働かせるためには、食後は2時間以上、散歩や激しい運動、遊びを控えて。また、胃酸が薄まり消化の妨げになるので、水のガブ飲みはさせないようにしましょう。

手作りごはんだと量が少なくなるよ

理想のウンチとは

- 出した直後は温かい
- バナナのようなねっとり感
- バラバラではなくある程度まとまっている
- 取っても地面に残らない
- 未消化物が混ざっていない
- 粘膜がかぶっていない
- 水に浮かべたときに浮く

こんなウンチ、出ていない？

☐ 臭いウンチ

➡ 食物繊維や
発酵食品を増やす

腸内バランスが崩れていたり、腸内にガスが溜まっていたりする可能性があります。

☐ 軟らかい
ウンチ、軟便

➡ 食事量・生活
パターンの見直し

食べすぎ、特に植物性たんぱく質を摂りすぎたか、強めのストレスがかかったことが原因かも。

☐ 粘膜便

➡ たんぱく質・脂質・
食物繊維の量の見直し

たんぱく質、脂質、食物繊維のいずれかを摂りすぎている可能性があります。

☐ 白っぽいウンチ

➡ 早めに病院へ

肝臓に何かしらの問題があって、胆汁が生成されていない可能性があります。

☐ 硬いウンチ

➡ 水分を増やし、
ネバネバ食材をプラス

水分バランスが崩れ、水分が不足していると、ウンチが硬く、スムーズに出なくなります。

☐ 下痢

➡ ケースバイケース

元気で食欲もありいつもと変わらないならデトックスかも。水下痢の場合は重篤な病気の可能性もあるので、続くようなら病院へ。

☐ 血便

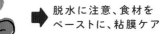

➡ 脱水に注意、食材を
ペーストに、粘膜ケア

内臓のどこかに出血があるのかも。鮮血の場合は大腸、暗赤色の場合は小腸の異常が考えられます。どちらも腸粘膜が傷ついているので、リンゴ酢やヨーグルトなどでケアし早めに病院へ。

ウンチには
情報が満載！

オシッコで体の状態が想像できる

オシッコの色や量、においなどで健康状態がわかることがあります。犬の体の約60％は水分でできており、1日に必要な水分量は、必要なカロリーと同じぐらいが目安です（1日500kcalが必要な犬＝500mlの水分が必要）。まずは水分が不足していないか、オシッコでチェック。オシッコや水を飲む量がいつもと違うようなら、できるだけ早く動物病院で相談を。

理想のオシッコとは？

- 朝一番は若干黄色
- 昼以降は薄いレモン色

check!

こんなオシッコ、出ていない？

☐ **常に黄色く、においが強い**

水分が足りていない可能性があるので、水分量を増やして。腎機能が低下している可能性もあります。

☐ **朝からほぼ無色透明**

異常に水を飲む場合は糖尿病の可能性があります。早めに病院で相談しましょう。

☐ **朝から泡が立っている**

腎臓に何らかの異常が起きて、たんぱく尿が出ている可能性があります。早めに病院で相談を。

☐ **キラキラ光るものが見える**

尿の中のミネラル成分が結晶化した結石ができている可能性があります。早めに病院を受診しましょう。

☐ **白く濁っている**

細菌感染が原因で、白血球が混じったオシッコが出ているかも。早めに病院を受診しましょう。

トイレシートだとチェックしやすい

体臭や被毛は
健康のバロメーター

理想の被毛とは？

- ほぼ無臭
- ベタついていない
- パサついていない

犬の体のうち、外側から判断しやすいのが皮膚と被毛。皮膚や被毛の状態は、体の仕組みがきちんと働いているかどうかのバロメーターと言えます。皮膚や被毛がベタつく場合は脂質の摂りすぎ、逆にパサつくようならたんぱく質や脂質、水分不足の可能性が考えられます。病院に行くほどではなくても、食事と水分の内容や量を見直してみましょう。

check!

体臭や被毛、こうなっていない？

手入れのときに
チェックしてね

☐ 全体的に臭い

老廃物の排泄がうまくいっていない可能性があります。解毒を担う肝臓をケアする食材を入れてみて。

☐ 腐敗したにおい

腎機能が低下している可能性があります。できるだけ早めに動物病院を受診しましょう。

☐ お腹や背骨のラインがベタつく

脂質を摂り過ぎているか、脂質の処理能力が低下しています。ごはんの脂質を控えめにしてみましょう。

☐ 被毛がパサついている

たんぱく質や脂質が不足している可能性があります。たんぱく質や脂質の量と質を見直して。

☐ フケがやたらと出る

甲状腺ホルモンの分泌異常の可能性があります。早めに動物病院で相談しましょう。

体の冷えは万病のもと

「冷えは万病のもと」と言われ、いかに体を冷やさないかは、愛犬の元気に大きく関係します。体温が1℃下がると免疫力は30％落ちると言われ、内臓がしっかり働くためには常に体温を保つことが大切です。その体温を生み出すために、熱の原材料である筋肉はなくてはならいもの。食事やケアで温めるだけでなく、日々の散歩で筋肉貯金をしておくことも大事です。

check!

愛犬の体は冷えていない？

☐ **朝起きてすぐのとき、足の先端が冷たくないか**

特に寝起きや散歩後に、耳や足先が冷たくなっていないかをチェック。

☐ **頭部とシッポの付け根で温度差がないか**

頭部とシッポの付け根や、胴体との温度差がないかをチェック。

☐ **背中とお腹で温度差がないか**

日ごろから愛犬の体に触って、平常時の体温を肌で知っておくと判断しやすいです。

☐ **歯ぐきがいつもより白くないか**

血行不良が起こると、歯ぐきの色がいつもより白や紫色っぽくなることがあります。

☐ **それほど寒くないのに、震えていないか**

体全体が冷えていると、体をブルブル震わせることで、熱を産生しようとします。

1つ以上当てはまる

乾燥ショウガ粉、シナモンなど体を温める食材を日々少量ずつトッピング

3つ以上当てはまる

ブラッシングや温灸、湯たんぽなどを使って、物理的にも温めてあげて

ときには洋服を脱がせて日光浴を！

日光浴には嬉しい効果がたくさん。紫外線を浴びると、ビタミンDが皮膚で合成され、カルシウムの吸収を促進して骨を強化したり、認知機能低下を防いだりすると言われます。

最近は散歩のときや自宅でも、常に犬に洋服を着せている人も見かけます。しかし、犬は人間と違って豊かな被毛でほぼ全身を覆われており、真夏でもウールを着て歩いているようなも

の。さらに体を服で覆ってしまうと、日光浴ができないだけでなく、蒸れて熱や湿気が溜まってしまうこともあります。機能性の高い素材の服であっても、必要最低限にしましょう。

犬に洋服を着せるなら、飼い主も同じタイミングでニット帽をかぶってみてください。飼い主が脱ぎたいと感じたら、愛犬の服も脱がせてあげましょう。

日光浴のメリット

● カルシウムの吸収が促進され、
　骨の強化に役立つ

● 認知症予防に役立つ

● 免疫力のアップ

● 筋肉が付きやすくなる　など

太陽の光が
気持ちいい〜！

俵森 朋子
（ひょうもり　ともこ）

犬ごはん研究家。鎌倉にある、犬ごはんのワークショップやカウンセリング、犬の体に優しい手作り惣菜や食材の販売などを行う『manpucu garden（まんぷくガーデン）』店主。武蔵野美術短期大学卒業後、インテリアテキスタイルデザイン＆企画の仕事に20年近く従事した後、1999年に友人とともに『ドッググッズショップ シュナ＆バニ』を立ち上げる。2012年、もっと犬の体にいいことをしたいと、フードやケア用品、オリジナルグッズなどを扱う『pas

à pas（パザパ）』をオープン。2017年に『プラーナ和漢自然医療アニマルクリニック』にて食事療法インストラクター、2020年に『PYIA ペット薬膳国際協会』のペット薬膳管理士の資格を取得し、2021年に犬ごはんをメインにした『manpucu garden』として新スタート。著書は『犬ごはんの教科書』（誠文堂新光社）、『愛犬との幸せなさいごのために』（河出書房新社）他、多数。現在の愛犬は雑種犬のタオ。

https://www.manpucu.jp

special thanks

tyty

Panna

ルル

ロン

モナ

モナ

Petty

ルナ

ROSSI

タオ

主な参考文献

『心と体をいやす食材図鑑』アマンダ・アーセル 著（TBSブリタニカ）
『七訂食品成分表2018』（女子栄養大学出版部）
『栄養素図鑑と食べ方テク』中村丁次 監修（朝日新聞出版）
『犬と猫のからだのしくみ』POL ＆ 浅野妃美・浅野隆司 著（インターズー）
『動物の栄養』唐澤豊 編（文永堂出版）
『休み時間の免疫学』齋藤紀先 著（講談社）
『中国医学』（東方医療振興財団）
『自然治癒力を高めるドッグ・ホリスティックガイド』
Wendy Volhard、Kerry Brown 著、
鷲巣誠 訳（メディカルサイエンス社）

主な参考ウェブサイト

「カロリーSlism」https://calorie.slism.jp
「食品成分データベース」https://fooddb.mext.go.jp
「野菜ナビ」http://www.yasainavi.com
「American Animal Hospital Association
（アメリカ動物病院協会）栄養評価」
http://www.aaha.org

付録「犬ごはんに取り入れてほしい食材 早見表」の活用方法

犬ごはんに取り入れてほしい食材を、5つの色と、ケアしたい健康状態ごとにまとめました。
切り取って、冷蔵庫などに貼って活用してください。

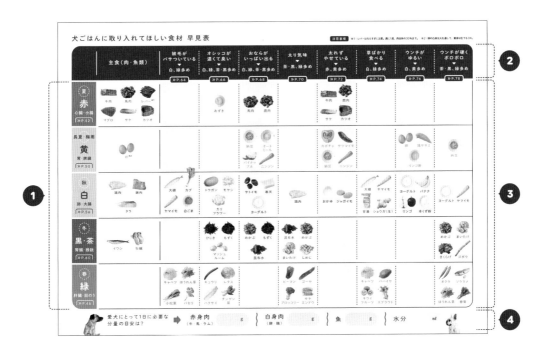

1 薬膳の考え方をもとに、食材を赤、黄、白、茶・黒、緑の5つに分類しています。各色には特徴があるので、P.38〜も参考に、季節や体調に合わせてバランスを見てください。

2 日常生活の中でケアしたい、気になる体調変化ごとに、取り入れてほしい食材を紹介しています。この項目はP.64-79の「健康ケアごはん」と対応しているので、そちらも参考にしてください。

3 犬ごはんに取り入れてほしい、主な食材を紹介しています。与える食材はなるべく偏らないよう、日々ローテーションで与えてください。

4 愛犬にとって1日に必要な、肉・魚類と水分の量の目安を書き込む欄です。P.40を参考に、愛犬の体重に合わせて書き込んでおきましょう。完全手作りごはんの場合は、見た目のかさで「肉・魚：野菜＝1：1〜2」の割合が基本です。

手作りごはん・フード・おやつ、
知っておきたい犬の食の基本

はじめての犬ごはんの教科書

2021 年 11 月 15 日　発　行　　　　　NDC645
2024 年 12 月 4 日　第 4 刷

著　　　者　俵森朋子
発　行　者　小川雄一
発　行　所　株式会社 誠文堂新光社
　　　　　　〒113-0033 東京都文京区本郷 3-3-11
　　　　　　https://www.seibundo-shinkosha.net/
印刷・製本　シナノ書籍印刷 株式会社

©Tomoko Hyomori. 2021　　　　　Printed in Japan

STAFF

デザイン　　南彩乃（細山田デザイン事務所）
撮影　　　　岡崎健志
イラスト　　大迫緑
DTP　　　　岸博久（メルシング）
編集　　　　山賀沙耶
撮影小物　　UTUWA

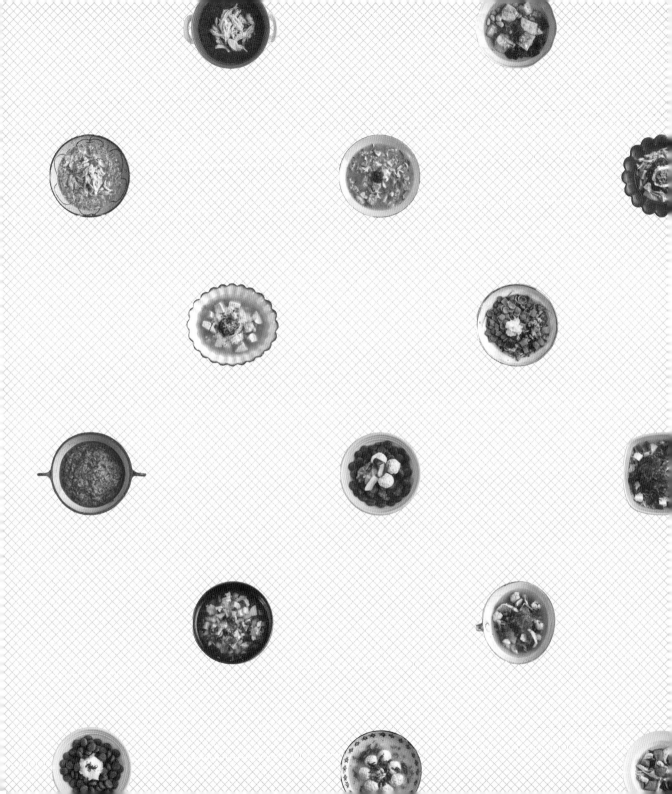